肥城桃

产业技术规程

肥城市肥城桃研究所
肥城市园艺场　编著

中国农业科学技术出版社

图书在版编目（CIP）数据

肥城桃产业技术规程 / 肥城市肥城桃研究所，肥城市园艺场编著. —北京：中国农业科学技术出版社，2020.4

ISBN 978-7-5116-4656-9

Ⅰ. ①肥… Ⅱ. ①肥… ②肥… Ⅲ. ①桃—果树园艺—技术规范—肥城 Ⅳ. ①S662.1-65

中国版本图书馆 CIP 数据核字（2020）第 049839 号

责任编辑　崔改泵　李　华
责任校对　贾海霞

出 版 者　中国农业科学技术出版社
　　　　　北京市中关村南大街12号　　邮编：100081
电　　话　（010）82109708（编辑室）　（010）82109702（发行部）
　　　　　（010）82109709（读者服务部）
传　　真　（010）82106650
网　　址　http://www.castp.cn
经 销 者　各地新华书店
印 刷 者　北京富泰印刷有限责任公司
开　　本　880mm×1 230mm　1/32
印　　张　3.875　　彩插3面
字　　数　101千字
版　　次　2020年4月第1版　　2020年4月第1次印刷
定　　价　38.00元

◄━━ 版权所有·翻印必究 ━━►

《肥城桃产业技术规程》

编著委员会

主 编 著	宋红日
副主编著	陈文玉
编著人员	宿茂恒　李明图　武　猛　刘　敏
	乔善晶　张忠举　刘光柱　张培峰
	高志银　乔　千　陈　涛　王　峰

　　肥城桃，因产于肥城故称肥桃，又名佛桃，是我国著名的地方名特优果品。其香气馥郁，果实硕大，外形美观，果肉细嫩，汁多甘甜，营养丰富，被誉为"群桃之冠"，驰名中外。

　　为提高肥城桃产业标准化水平，在总结原有经验的基础上，充分吸收生产上先进的适用技术，经过反复验证，编著了《肥城桃产业技术规程》，涉及产前、产中、产后各个环节。《肥城桃产业技术规程》共分13部分，前4部分为新制订的生产性技术标准，后9部分为已发布实施的国家农业行业标准和山东省地方标准。

　　《肥城桃产业技术规程》适用于肥城佛桃，其他品种桃可借鉴使用。

　　《肥城桃产业技术规程》由肥城市肥城桃研究所和肥城市园艺场主持撰写，在撰写过程中得到了山东农业大学、山东省果树研究所、泰山林业科学研究院和山东省肥城桃开发总公司等有关单位及专家的大力支持，在此一并致谢。由于编著者水平有限，错误和疏漏之处在所难免，恳请广大读者指正，使该规程日趋完善。

编著者

2019年11月

目 录/contents

肥城桃苗木标准化繁育技术

1 苗圃地准备

育苗地宜选择地势高、地下水位低、土层深厚、土质疏松、排灌方便、背风向阳的地块，切忌重茬地。播种前每667m²撒施农家肥2～2.5m³或商品有机肥1 000～1 500kg，深耕30～40cm，然后整地做畦，要求畦面平整，易排水。一般畦宽1.2～1.5m，畦长可根据地形和浇灌方便与否确定。

2 砧木选择与种子处理

2.1 砧木选择

采用的砧木有毛桃和山桃，常采用青州蜜桃，最好采用肥城生长的、果肉白色、汁多、味甜的实生大毛桃或小白毛桃苗作砧木。种子要选成熟度好、外形完整、色泽鲜亮、个头匀称的当年生桃核。

2.2 种子处理

2.2.1 秋季播种

播种前，将种子在室温下浸泡3~5d，每天换水1次，去除漂浮的种子及杂质，随时观察种子吸水情况，当砸开种子后，种仁膨胀，种皮变潮湿即为泡好，切莫过度泡水而致播种后霉烂。捞出在阴凉处晾干，即时播种。

2.2.2 春季播种

11月中下旬，先将种子浸泡2~3d，去除漂浮的种子及杂质，种子捞出后按种子和沙1∶（3~5）的比例加水混合均匀，沙子湿度在60%左右（以手握成团，一触即散为准）。

堆放在背阴处冷冻层积，或在田间挖40~60cm深沟埋土层积，堆放厚度20cm左右，宽度100~150cm，长度随种子多少而定。堆完后拍实，上面与周围盖上5cm厚的细土。整个冬季注意保持湿度。如无雨雪，应在种子堆上泼几次水，第二年春暖化冻后，即可取出种子播种。

3 播种

秋播一般在立冬到小雪期间进行，播后灌水；封冻前，若土壤较干燥，再浇一次封冻水。春播在春分前后，当沙藏种子种核开裂、胚根刚刚萌动时为播种最适宜时期。应先开沟小水量沟灌，水渗透后再点播。沿畦长方向行播，行距20cm或30cm，播种量50kg/667m²左右。播种时开深7~10cm的沟，按10cm的株距点播，播后覆土5cm，整平覆盖地膜，保墒增湿。根据经验，秋播比春播出苗率高，砧木苗生长整齐旺盛。

4 砧木苗的管理

种子出苗后应保持土壤湿润，适时浇水追肥，及时松土除草，防治病虫害。5—6月，每个月追施尿素1~2次，每次15kg/667m^{2}左右。施肥后或天气干旱时应及时灌水，要一次灌透。灌水后要及时松土除草。雨季注意排水防涝。桃苗旺长季节，侧芽易萌发，为使砧木苗达到嫁接粗度，5月上中旬将砧木苗基部15cm以内的芽全部抹掉，抹芽要掌握一个"早"字，一般要抹2~3次。

5 苗木的嫁接

5.1 嫁接时间

根据毛桃的生长情况及接穗的成熟度来决定嫁接时期，应随时观察，及时嫁接，以利延长苗木的生长期，提高苗木的当年出圃率。夏季嫁接在6月上中旬，砧木粗度0.5cm以上；秋季嫁接在8月中旬到9月中旬，砧木粗度0.8cm以上；春季嫁接在"春分"前后到发芽前进行，砧木粗度1cm以上。

5.2 接穗采集

接穗从已结果、品种纯正的母本树上采集。采集树冠外围中上部的新梢，要求发育充实、芽饱满、无病虫害。采集好的接穗剪去叶片，只留叶柄，每50~100根扎成一捆，挂上标签，标明品种、采集时间、地点和数量。夏季嫁接，最好随采随接，若需保存，可用湿布包好放于阴凉潮湿处或用薄膜包好包紧后，放入冰箱冷藏保鲜。春季嫁接时，接穗需在冬季修剪时剪取，沙藏于地窖或背阴处，沙子湿度在60%左右，不宜过湿，以免霉烂。

5.3　嫁接方法

夏秋季嫁接多采用芽接法，春季多采用枝接法。夏季嫁接绑膜时需露出芽点，秋季需将芽包裹在内。

6　嫁接苗管理

6.1　剪（折）砧

夏季嫁接一周后，解除绑缚物，同时在接芽以上5cm处折砧，即将砧苗上部向接芽背向弯折。当接芽长到20cm以上时，再将砧木从接芽上0.5~1cm处剪掉。秋季芽接，只解除绑缚，不折砧，在翌春发芽前于芽上0.5~1cm处剪砧。

6.2　除萌蘖

嫁接芽萌发以后，对砧木上发出的萌蘖全部抹除，并且随出随抹除，砧木上只留嫁接芽，一般可进行3~4次。

6.3　土肥水管理及病虫害防治

接芽萌芽后，及时除草松土。5—6月结合浇水追施1~2次尿素，每次施20kg/667m^2，促进苗木生长。干旱时要及时浇水，8月喷施0.3%磷酸二氢钾1~2次，有利于苗木生长充实并防止越冬抽条。入秋后一般不再施肥浇水，并对苗高1.2m以上的苗木进行摘心，促进苗木充实。苗圃内要保持土壤疏松，无杂草，及时防治病虫害。

7 苗木出圃

7.1 起苗

出圃前对苗木品种进行核对，抽样调查，统计苗木等级和数量。秋天土壤干旱，为避免起苗时根系损伤和起苗困难，提前10d左右浇1次水。起苗时间一般在秋末落叶期至第2年春季萌芽前。秋季起苗可避免苗木在田间受冻和损失，起苗后直接栽植或假植；第2年春天栽植的也可以春季起苗，减少假植工序。起苗时要分品种进行，机械或人工起苗过程中尽可能多带侧根、细根，保留20cm以上的根系，防止苗木损伤或碰破苗木皮层。

7.2 分级和假植

起苗后，根据分级标准对苗木进行分级（表1至表3）。

表1 半成苗（芽苗）质量指标

项目			级别	
			一级	二级
品种与砧木类型			纯正	
根	侧根数量	毛桃	5条以上	4条以上
		山桃	4条以上	3条以上
	侧根基部粗度		0.5cm以上	0.4cm以上

（续表）

项目		级别	
		一级	二级
根	侧根长度 侧根分布	20cm以上 均匀，舒展而不卷曲	
茎	砧段长度 根皮与茎质皮	5~10cm 无干缩皱皮，新损伤处总面积不超过1cm^2	
芽		饱满，发育良好，接芽四周愈合良好，芽眼露出	

表2　速生苗质量指标

项目			级别		
			一级	二级	三级
品种与砧木类型			纯正		
根	侧根 数量	毛桃 山桃	5条以上 4条以上	4条以上 3条以上	4条以上 3条以上
	侧根基部粗度		0.4cm以上	0.4cm以上	0.3cm以上
	侧根长度 侧根分布		15cm以上 均匀，舒展而不卷曲		
茎	砧段长度		5~10cm		
	高度 粗度		80cm以上 2.2cm以上	70cm以上 1.0cm以上	60cm以上 0.8cm以上
	倾斜度 根皮与茎质皮		15°以下 无干缩皱皮和新损伤处总面积不超过1cm^2		
芽	整形带内饱满芽数		6个以上	5个以上	5个以上
	接合部愈合程度 砧桩处理与愈合程度		接芽四周愈合良好 砧桩剪除，剪口环状愈合或完全愈合		

表3　二年生苗质量指标

项目			级别		
			一级	二级	三级
品种与砧木类型			纯正		
根	侧根数量	毛桃	5条以上	4条以上	4条以上
		山桃	4条以上	3条以上	3条以上
	侧根基部粗度		0.5cm以上	0.4cm以上	0.3cm以上
	侧根长度 侧根分布		20cm以上 均匀，舒展而不卷曲		
茎	砧段长度		5~10cm		
	高度 粗度		80cm以上 2.2cm以上	70cm以上 1.0cm以上	60cm以上 0.8cm以上
	倾斜度 根皮与茎质皮		15°以下 无干缩皱皮和新损伤处总面积不超过1cm²		
芽	整形带内饱满芽数		8个以上	6个以上	6个以上
	接合部愈合程度 砧桩处理与愈合程度		接芽四周愈合良好 砧桩剪除，剪口环状愈合或完全愈合		

　　当苗木不能及时外运或定植时，必须进行假植。临时性假植时就地开浅沟，将捆好、挂有标签的苗木成捆立于沟中，用湿土埋好根系并高出地面。长期性假植的苗木，需选择在地势平坦、土壤湿润、排水良好、避风处挖假植沟，或是用湿河沙。假植时将苗木顺沟向一个方向倾斜摆放，摆一层苗，埋一层土或沙，使苗木根系充分与土壤接触，倾斜的苗木埋土60cm以上，回填后沟内不留空隙。较弱小的苗木可全部埋入土中。

7.3　苗木的检疫

苗木的检疫工作由当地主管部门进行，对确保无检疫对象或虽有检疫病虫而已采取消毒和药物处理措施的苗木开具检疫证明。

7.4　苗木的消毒

苗木包装前应进行消毒，防止病虫害的传播。消毒采用喷洒、浸苗等方法。喷洒多用3～5波美度石硫合剂；浸苗可用100倍等量式波尔多液，浸10～20min，或用0.1%硫酸铜水溶液浸泡根部5min，然后用清水冲洗干净。

7.5　苗木的包装

外销或长距离运输的苗木，包装时根部朝向一端，定量50株或100株为一捆，对根系及枝梢适当修整，挂好标签，标明品种、数量和等级，根部朝向一端，利用湿锯末将根部空隙填塞以保湿，然后用塑料布包裹，使锯末不外露，再用编织袋将包好的苗木装起来封口，这样包装的苗木可存放或运输7～10d。

7.6　苗木的运输

大量苗木在长距离运输时最好选择恒温箱式车，装好苗木后均匀洒水，使苗木根部湿润，苗木装满车后最上层铺一层保湿填充物，运输过程中温度宜保持在0～8℃。其他运输方式应做好保温保湿工作。在苗木装车、封车、运输过程中，尽量缩短时间。在装车过程中应尽量将苗木码放整齐，不要过度踩踏。

肥城桃提质增效技术规程

1　种苗选择

选用高度80cm以上，直径（嫁接口以上10cm）0.8cm以上，根系数量较多，侧根3条以上，毛细根较多，根系分布均匀。嫁接口完全愈合，芽体饱满，整形带内饱满叶芽数6个以上、无病虫害、品种纯正的成品苗建园。

2　标准化建园

2.1　园地选择

选择土层深厚、土质肥沃、排灌良好的沙质微碱性土壤，远离污染源，空气清新、水质纯净。尽量避免在重茬地建园。

2.2　栽植密度

采用宽行栽培。行距不低于6m，株距2～4m。

2.3 栽植技术要点

2.3.1 栽植时期

春栽于3月中下旬，秋栽于落叶后到土壤封冻前都可以进行。

2.3.2 土地整理

分为挖沟和耕翻两种方式，可结合土壤状况、有机肥数量和机械化水平确定。

2.3.2.1 挖沟

先取熟土，将最边缘行外侧行间30～40cm深的土挖出，放在该行内侧行间。挖定植沟，沟宽1.0m、深0.8m，将挖出的熟土同之前取出的熟土放在一起，生土回填到之前取走熟土的行间。每667m²施腐熟有机肥2.0～3.0m³或商品有机肥1 000～1 500kg。有机肥和熟土回填到沟内，边回填、边混匀、边踏（压）实。回填完成后，在中间开宽60cm、深20cm左右的灌溉沟，灌水折实。表层晾干后再从行间取熟土起垄，垄为梯形，上边宽1m、下边宽1.2～1.4m，垄高30～40cm。不适合起垄的山坡地可挖1m³的大穴。

2.3.2.2 耕翻

全园深翻30～50cm，撒肥，旋耕，再起垄。有机肥数量多时，全园撒施，数量少时撒在种植带上。

2.3.3 苗木定植

在垄中间放线，依据株距打点。栽前对根系进行适当修剪，剪去损伤根及过密根，以便于让根系以新茬口均匀伸展深入土中。根系修剪后，用升级版K84（根癌灵）按1：1对水蘸根。根据打的点开小穴定植。栽植时把处理好的苗木置于穴中央，随培土随踩实，以免在栽完苗后，坑土下陷，树苗埋的过深，影响发育。当埋土至定植穴的一半深时，要轻轻地把树苗向上一提，使根系舒展。栽的深度以维持树苗原来的入土深度为宜。栽后浇透水，扶正歪斜苗木，待水渗下后覆土保墒，覆盖地膜。苗木成活后去除地膜，覆盖园艺地布防草。

3 整形修剪

3.1 树形

自然开心形是肥城佛桃多年应用的适宜树形，为适应省力化栽培的需要，近几年开始尝试使用"Y"形。

自然开心形，主干高50～60cm，树高3～3.5m，树冠呈扁平状。主干上着生3个主枝，主枝采用波浪曲线延伸，主枝角度45°～60°，主枝间距离15cm。每个主枝保留2～3个侧枝，第二侧枝着生在第一侧枝的对面，第三侧枝着生在第二侧枝的对面。第一侧枝距主干60～70cm，第二侧枝距第一侧枝30～40cm。侧枝要留背斜枝，侧枝与主枝夹角70°左右。在主枝及侧枝上着生结果枝组，通常间距30～60cm。

"Y"形，类似于两主枝自然开心形。每株树只保留两大主枝向行距间延伸生长，主干高50～60cm，冠高为2.4～2.8m，两主枝间夹角50°～70°，主枝上配置中小型结果枝组或直接着生结果枝。

3.2 整形

3.2.1 定干

定植后立即定干,在距地面70~80cm处剪截,剪截处下面有4~5个饱满芽。苗木高度不足,不能满足定干要求的,可先不定干,待长至合适高度时再行定干。也可在距地面20~30cm处剪截,待新长出枝条达到高度时进行二次定干。

3.2.2 选留主枝

种苗发芽后将整形带以下的芽全部抹去,待新梢长至30cm左右时,选长势均衡、方位适当、上下错落排列的2~3个枝条作为主枝培养,其余枝条如果长势很旺,即行疏除。生长较弱的小枝可摘心控制或扭梢,当年即可形成结果枝,提早结果,以后影响主枝生长时及时去掉。

3.2.3 主枝培养

第一年冬剪时对确定的主枝延长枝不进行短截,保留顶芽继续延伸生长。主枝间势力不平衡时,强旺枝开张角度要稍大些,并适当疏掉部分背上旺枝;对势力较弱的,开张角度要小些,生长季保留其全部枝叶,促壮促势。第二年、第三年主枝延长头冬剪时仍然不得短截。疏除背上旺枝,竞争枝,保持延长头生长优势,如主枝角度过小,可用背后枝换头开张角度。

3.3 修剪

3.3.1 生长期修剪

主要采用抹芽、除萌、开张角度、摘心、疏枝、拿枝等措施调控徒长枝。对主干上和主枝靠近主干部位的萌芽、砧木上的萌蘖和各级延伸枝剪口附近的竞争芽都应抹除。5月下旬至6月上旬，主要是疏枝摘心，以减少养分消耗。7月下旬至8月上旬，主要疏除密生枝和强旺遮光枝，解决通风透光。9月中旬，疏除冠内交叉重叠枝和外围强旺枝及枝头竞争枝，打开光路，增强光合作用，促进营养积累，枝条充实，芽子饱满。

3.3.2 冬季修剪

幼树期轻剪长放，放缩结合，去直留斜，选留主侧枝，调整角度，培养结果枝（组），扩大树冠。盛果期的树，树形骨架基本形成，修剪重点是调整生长与结果的关系，继续培养健壮的树势。放缩结合，抽枝闷顶，调节各枝间的平衡生长，合理利用徒长枝，更新结果枝组，稳定全树的总枝量，每667m²产量2 000kg的盛果期桃园，冬剪后留枝量控制在4万条左右。

3.4 老桃园高光效改造

以桃园间伐、调减枝量、优化结构为基本措施，通过提干、落头、疏枝、老枝更新等技术，有效改善果园环境，提升果品质量。

4 土肥水管理

4.1 土壤管理

行间生草，提倡自然生草，也可人工种草。自然生草要去除桃园内高秆和木质化的杂草，如曼陀罗、苘麻、刺儿菜、葎草、反枝苋、藜、灰条菜和灰菜。人工种草可选用毛叶苕子、黑麦草或鼠茅草。草与桃树根茎距离不低于100cm，在草生长到20cm以上时要及时刈割。

4.2　施肥管理

4.2.1　秋施基肥

提倡早施基肥，以秋根高潮到来之前为宜（9月中下旬至10月中旬）。肥料的种类以有机肥为主，包括农家肥、商品有机肥等，配合部分化肥（全年化肥用量的1/3）。基肥用量按树龄计，定植前3年，定植时有机肥用量不足或地力条件差的，每667m²施腐熟有机肥1.0～2.0m³或商品有机肥1 000kg。从第四年开始，每株每龄按15kg左右粪肥递增。按产量计，667m²产1 500kg以下，1.0kg果1.0～1.5kg有机肥；667m²产1 500kg以上，1.0kg果2.0～2.5kg有机肥。一般盛果期桃园腐熟农家肥的施肥量在3 000kg以上，商品有机肥每株40～50kg，土壤的有机质含量低于15g/kg要增加用量。施肥部位在树冠外围。施用方法一般为条沟法，在行间或株间开沟，隔年更换位置，沟的深度与宽度一般为40～50cm，长度根据肥料数量确定。需要注意的是，有机肥在施用时和表土混匀，施肥后浇透水。豆饼、发酵大豆等精制有机肥对肥城佛桃香味品质的形成作用明显，进入盛果期后的桃园，可在施基肥时株施粉碎干豆饼或发酵大豆2.5～4.0kg。

中微量元素严重缺乏的桃园，可以与有机肥一起施用。补充钙、镁，可选用钙镁磷肥、硝酸铵钙、硫酸镁等肥料，每667m²桃园施用量一般为钙（CaO）12kg、镁（MgO）3.5kg；补充硼、铁、锌等微量元素，可以选用硼砂、黄腐酸铁、硫酸亚铁、硫酸锌等，一般每$667m^2$各施用$2.0 \sim 3.0kg$。中微量元素每$2 \sim 3$年施用一次即可。

4.2.2 土壤追肥

在施足有机肥的基础上，以$667m^2$产量$2\ 000kg$的盛果期树为例，每$667m^2$施纯氮、纯磷和纯钾的总量不超过$45kg$，即纯氮（N）$15kg$、磷（P_2O_5）$10kg$、钾（K_2O）$20kg$。可在落花后（5月中下旬）、果实膨大期前（7月中下旬）和养分回流期分3次施入，3次施肥中不同元素的分配比例不同，氮肥的分配比例分别为40%、20%和40%，磷肥的分配比例为40%、30%和30%，钾肥的分配比例为20%、50%和30%。养分回流期可与有机肥混合施用。

施肥方式为沟施，开$20 \sim 40cm$深顺行直沟或放射状沟施入，按土：肥$\geq 2 : 1$的要求混匀后覆土。下次施肥要离开原施肥坑或沟，以免伤害其中的大量根系。一般$2 \sim 4$年围树冠施一圈，并结合追肥浇水。

4.2.3 根外追肥

即结合喷药，将肥料混于药液中，一起喷于枝叶上，让叶片吸收，主要用于调节肥料的均衡和缺素的矫治。作为土壤追肥的有益补充，可于花后到6月下旬，喷$0.3\% \sim 0.5\%$的尿素，连续喷2次尿素后，喷一次$0.3\% \sim 0.5\%$的磷酸二氢钾，然后再喷尿素，如此交替进行；7月上旬至果实摘袋前，喷$0.3\% \sim 0.5\%$的磷酸二氢钾。缺钙可于盛花后$3 \sim 5$周、采前$8 \sim 10$周喷$0.3\% \sim 0.5\%$氨基酸钙；缺镁一般在6—7月喷$0.2\% \sim 0.3\%$的硫酸镁；缺铁可于5—6月叶面喷洒黄腐酸二铵铁200倍液或$0.2\% \sim 0.3\%$硫酸亚铁溶液，每隔10～15d喷一次，连喷2次；缺锰可于5—6月叶面喷洒0.2%～0.3%硫酸锰溶液，每隔2周喷一次，连喷2次；缺锌在发芽前喷0.3%～0.5%硫酸锌溶液或发芽后喷0.1%硫酸锌溶液，花后3周喷0.2%硫酸锌加0.3%尿素溶液，可明显减轻缺锌症状特征。落叶前20d左右，喷3次0.5%的硼砂加0.5%的尿素溶液。开花前喷2～3次浓度为0.3%～0.5%的硼砂溶液。缺素情况严重时应与土壤施肥相结合，并施用土壤改良剂。

4.2.4 幼树期追肥

幼树期肥城佛桃，定植当年5月中旬株施尿素50g，7月中旬株施磷酸二铵50g。此后3年，每年每株在以上时期增施100g。

4.2.5 追肥新技术

4.2.5.1 施肥枪施肥

在5月下旬和7月底，依据测土数据或桃树长势用施肥枪追肥2次。此方法不仅减少根系损伤，并能减少成熟期水分供应，果实可提高1～1.5个可溶性固形物百分点。选择水溶性复合肥，按肥水比1∶（20～40）的比例溶解于药缸中。将枪头插入土壤中，握紧手握开关，液体肥料自动输入到土壤中。当肥液将要涌出土表时，松开手握开关，此时液体停止输送，拔出枪头。反复执行以上操作，不断将肥料注入土壤中。以每株追肥1kg为例，按1∶20对水，约需30枪。施肥部位在树冠外沿向里50cm范围内。

4.2.5.2 袋控缓释肥

采用放射沟法施用，即距树干30cm向外挖宽20～30cm、深20～30cm、长1～1.5m的放射沟，10年生以下树挖3～4条，10年生以上树5～6条，放射沟的位置每年交替进行。

每667m²产量水平在1 500kg以下的，每667m²施450包（每包95g，20%含氮量，N：P₂O₅：K₂O=2：1：2，下同）；667m²产量水平在1 500～2 500kg的，每667m²施500～700包；667m²产量水平在2 500～4 500kg的，每667m²施700～1 200包。土壤肥沃的果园适当减少20%施肥量。提倡在放射沟内同时施用有机肥，施肥时首先在沟底撒入部分有机肥，然后放入袋控肥，在袋控肥上面再撒上一层有机肥，最后覆土。

4.3 水分管理

在发芽前、开花后、果实迅速膨大期、土壤封冻前4个时期分别灌水一次，可结合施肥进行。灌水量要以浸透根系分布层（40～60cm）为准。灌溉的方法有小沟快流、树盘浇水，也可结合水肥一体化，进行喷灌、滴灌。

地势低洼或地下水位较高的桃园，夏季下大雨时要及时排水防涝。成熟前一个月要采用避雨设施、覆盖等措施严格控水。

5 花果管理

5.1 疏花疏果

肥城佛桃坐果率低，一般红里佛桃不进行疏花。疏果分2次进行，第一次疏果在花后20d左右，主要疏除畸形的幼果，如双柱头果、无叶果以及并生果等。第二次疏果在套袋前进行，首先疏除萎黄果、病虫果、畸形果，其次疏除朝天果和内膛弱枝上的小果，最后根据产量目标合理安排留果量。

5.2　套袋

选用单层外黄内黑纸袋、单层黄色条纹纸袋或单层黑色无纺布袋均可。套袋在5月下旬开始，6月上旬结束，宜早不宜迟。套袋按由上而下、由内向外的顺序进行。采摘前7~10d摘袋，摘袋分2次进行，先将纸袋从底部撕开，3d后再将纸袋去掉。套袋前和摘袋前对全园喷一次杀虫杀菌剂。摘袋后，摘去桃周围遮光叶片。

6　病虫害防治

肥城佛桃的主要病害有褐腐病、疮痂病、炭疽病、桃缩叶病、桃细菌性穿孔病、根癌病、流胶病等；虫害有蚜虫、梨小食心虫、桃蛀螟、红蜘蛛、介壳虫、潜叶蛾等。

6.1　农业防治

剪除病虫枝，清除枯枝落叶及残果，刮除树干翘裂皮。冬季翻树盘。加强管理，增强树体抗性。

6.2　物理防治

根据害虫生物学特性，采取糖醋液、黄板、蓝板等方法诱杀害虫。

根据害虫成虫的趋光、趋色特性，用黏虫板进行诱杀。黄板主要针对粉虱、黑翅粉虱、美洲斑潜蝇、潜叶蝇、蚜虫、斑潜蝇、梨茎蜂、实蝇、绿盲蝽象、桃小绿叶蝉等；蓝板主要诱杀种蝇、蓟马等害虫，对由这些昆虫为传毒媒介的作物病毒病也有很好的防治效果。

6.3　生物防治

利用天敌昆虫，如龟纹瓢虫、异色瓢虫、七星瓢虫是蚜虫的天敌，草蛉、塔六点蓟马能控制桃树上山楂叶螨的为害，某些种类的姬蜂、广大腿小蜂能寄生桃蛀螟，赤眼蜂可控制梨小食心虫等。或人工饲养释放引进天敌，增加天敌种群数量，恢复其自控能力。

施用生物农药，农抗120、多氧霉素、浏阳霉素、青虫菌、白僵菌、Bt、除虫菊素、苦参碱、烟碱、灭幼脲等。

利用梨小食心虫信息素（诱芯或迷向素）和桃蛀螟信息素防控梨小食心虫和桃蛀螟。

种植蜜源、诱集、保护性功能植物。芳香植物有薄荷、迷迭香、牛至、百里香等，蜜源植物有万寿菊、波斯菊、矢车菊、琉璃苣、美女樱等，保护性功能植物有苜蓿、向日葵、玉米、小麦、旱金莲、南瓜、蓖麻等。

6.4　化学防治

强化预测预报，抓关键时期适时防治。根据病虫害的特点，合理选用高效低毒农药，做到对症下药，严禁使用高毒、高残留农药。坚持农药的正确使用，严格按使用浓度施用，施药力求均匀细致。

7　采摘与包装

肥城佛桃成熟期不一致，采摘时要分期进行。采摘后，首先剔除病虫果、伤果、畸形果，分级包装，高档包装箱应小巧、坚固、美观，内放软质材料衬垫，使用泡沫网套，以免磨压挤伤。

附件 肥城桃病虫害防治历

序号	施药时期与防治对象	推荐用药及浓度	使用药液量与配制方法
1	3月15—25日（果树发芽前，铲除枝干上越冬的病菌、蚜虫、介壳虫、红蜘蛛、白蜘蛛等）	芽萌动期，释放迷向剂，清除老病皮后均匀喷美度石硫合剂，芽萌动前先喷5波美度石硫合剂，一周后（芽萌动期）至现蕾前再喷50%氟啶虫胺腈悬浮剂6 000倍液+有机硅2 000倍液防蚜虫；或芽萌动期到现蕾前只喷一遍50%氟啶虫胺腈悬浮剂6 000倍液+有机硅2 000倍液防蚜虫	释放梨小食心虫信息素缓释剂：7.2g/亩，芽萌动期均匀喷"干枝"，若已喷石硫合剂，还应再喷施石硫合剂7d后至现蕾前细致喷施；每亩用水不少于100kg，需用药剂：50%氟啶虫胺腈17g+有机硅50g；每100kg水加入药剂：50%氟啶虫胺腈17g+有机硅50g
2	4月15日前后（谢花后2～3d，防治细菌性穿孔病、疮痂病、蚜虫、梨小食心虫、卷叶虫、绿盲蝽等）	50%苯菌灵可湿性粉剂1 200倍液+72%农用硫酸链霉素可溶性粉剂3 000倍液+50%氟啶虫胺腈悬浮剂6 000倍液+1.8%阿维菌素乳油3 000倍液	每亩用水不少于120kg，需用药剂：50%苯菌灵100g+72%农用硫酸链霉素40g+50%氟啶虫胺腈16g+1.8%阿维菌素乳油40ml；每100kg水加入药剂：50%苯菌灵83g+72%农用硫酸链霉素33g+50%氟啶虫胺腈13g+1.8%阿维菌素乳油33ml
3	4月25日前后（防治细菌性穿孔病、疮痂病、蚜虫、梨小食心虫、卷叶虫、绿盲蝽等）	25%吡唑醚菌酯悬浮剂1 500倍液+20%叶枯唑可湿性粉剂500倍液+5.7%甲维盐水分散粒剂8 000倍液	每亩用水不少于130kg，需用药剂：25%吡唑醚菌酯87ml+20%叶枯唑260g+5.7%甲维盐108g；每100kg水加入药剂：25%吡唑醚菌酯67ml+20%叶枯唑200g+5.7%甲维盐83g

（续表）

序号	施药时期与防治对象	推荐用药及浓度	使用药液量与配制方法
4	5月5日前后（防治细菌性穿孔病、疮痂病、蚜虫、卷叶小食心虫、绿盲蝽等）	5%己唑醇水乳剂1 500倍液+72%农用硫酸链霉素水可溶性粉剂3 000倍液+22.4g/L螺虫乙酯悬浮剂4 000倍液	每亩用水不少于140kg，需用药剂：5%己唑醇93ml+72%农用硫酸链霉素47g+22.4g/L螺虫乙酯35ml 每100kg水加入药剂：5%己唑醇67ml+72%农用硫酸链霉素33g+22.4g/L螺虫乙酯25ml
5	5月15日前后（套袋前，防治细菌性穿孔病、疮痂病、蚜虫、卷叶小食心虫、绿盲蝽、红蜘蛛等）	25%吡唑醚菌酯悬浮剂1 500倍液+20%叶枯唑可湿性粉剂500倍液+20%哒螨灵可湿性粉剂2 000倍液+30%毒死蜱水乳剂1 200倍液	每亩用水不少于140kg，需用药剂：25%吡唑醚菌酯93ml+20%叶枯唑280g+20%哒螨灵70ml+30%毒死蜱117ml 每100kg水加入药剂：25%吡唑醚菌酯67ml+20%叶枯唑200g+20%哒螨灵50ml+30%毒死蜱83ml
6	5月25日前后或袋间，防治细菌性穿孔病、疮痂病、蚜虫、梨小食心虫、卷叶虫、绿盲蝽等）	80%代森锰锌可湿性粉剂1 000倍液+20%啶虫脒水可溶性粉剂4 000倍液+25%三唑锡可湿性粉剂2 000倍液	每亩用水不少于160kg，需用药剂：80%代森锰锌160g+20%啶虫脒40g+25%三唑锡80g 每100kg水加入药剂：80%代森锰锌100g+20%啶虫脒25克+25%三唑锡50g
7	6月上中旬（麦收后，防治炭疽病、细菌性穿孔病、霉污病等）	70%福美锌可湿性粉剂800倍液+5.7%甲维盐水分散剂8 000倍液+20%哒螨灵可湿性粉剂2 000倍液	每亩用水不少于180kg，需用药剂：70%福美锌300g+5.7%甲维盐23g+20%哒螨灵90ml 每100kg水加入药剂：70%福美锌167g+5.7%甲维盐13g+20%哒螨灵50ml

（续表）

序号	施药时期与防治对象	推荐用药及浓度	使用药液量与配制方法
8	6月中下旬（防治炭疽病、霉污病、桃潜叶蛾、梨小食心虫、红蜘蛛等）	45%咪鲜胺水乳剂2 000倍液+72%福美锌可湿性粉剂800倍液+2.5%高效氟氯氰菊酯水乳剂1 500倍液	每亩用水不少于200kg，需用药剂：45%咪鲜胺100ml+72%福美锌333g+2.5%高效氟氯氰菊酯100ml；每100kg水加入药剂：45%咪鲜胺50ml+72%福美锌167g+2.5%高效氟氯氰菊酯50ml
9	7月初（防治炭疽病、霉污病、桃潜叶蛾、梨小食心虫等）	80%代森锰锌可湿性粉剂800倍液+72%农用硫酸链霉素水可溶性粉剂1 200倍液+30%毒死蜱水乳剂3 000倍液	每亩用水不少于210kg，需用药剂：80%代森锰锌263g+72%农用硫酸链霉素70g+30%毒死蜱175g；每100kg水加入药剂：80%代森锰锌125g+72%农用硫酸链霉素33g+30%毒死蜱83g
10	7月中旬（7月20日前，防治炭疽病、霉污病、桃潜叶蛾、梨小食心虫、叶螨、橘小实蝇等）	25%吡唑醚菌酯悬浮剂1 500倍液+3%中生菌素可湿性粉剂500倍液+5.7%甲维盐水分散剂8 000倍液；释放橘小实蝇诱杀剂（据监测虫情另加）	每亩用水不少于210kg，需用药剂：25%吡唑醚菌酯147ml+3%中生菌素440g+5.7%甲维盐28g；释放橘小实蝇诱杀剂（据监测虫情另加）；每100kg水加入药剂：25%吡唑醚菌酯67ml+3%中生菌素200g+5.7%甲维盐13g；释放橘小实蝇诱杀剂（据监测虫情另加）

（续表）

序号	施药时期与防治对象	推荐用药及浓度	使用药液量与配制方法
11	8月初（防治炭疽病、橘小实蝇等）	70%丙森锌可湿性粉剂700倍液＋30%毒死蜱水乳剂1 200倍液；释放橘小实蝇诱杀剂（据监测虫情另加）	每亩用水不少于240kg，需用药剂：70%丙森锌可湿性粉剂343g＋30%毒死蜱200g；释放橘小实蝇诱杀剂（据监测虫情另加）
		70%丙森锌可湿性粉剂800倍液；释放橘小实蝇诱杀剂（据监测虫情另加）	每100kg水加入药剂：70%丙森锌可湿性粉剂143g；释放橘小实蝇诱杀剂（据监测虫情另加）
12	8月中旬（防治炭疽病、霉污病、桃潜叶蛾、橘小实蝇等）	45%咪鲜胺水乳剂2 000倍液＋3%中生菌素可湿性粉剂500倍液＋25%灭幼脲悬浮剂2 000倍液；释放橘小实蝇诱杀剂（据监测虫情另加）	每亩用水不少于240kg，需用药剂：45%咪鲜胺480g＋25%灭幼脲120ml＋3%中生菌素120ml；释放橘小实蝇诱杀剂（据监测虫情另加）
			每100kg水加入药剂：45%咪鲜胺200g＋25%灭幼脲50ml＋3%中生菌素50ml；释放橘小实蝇诱杀剂（据监测虫情另加）
13	8月下旬（摘袋后，防治炭疽病、霉污病、桃潜叶蛾、橘小实蝇等）	80%代森锰锌可湿性粉剂800倍液＋2.5%高效氟氯氰菊酯水乳剂2 000倍液；释放橘小实蝇诱杀剂（据监测虫情另加）	每亩用水不少于240kg，需用药剂：80%代森锰锌300g＋2.5%高效氟氯氰菊酯120ml；释放橘小实蝇诱杀剂（据监测虫情另加）
			每100kg水加入药剂：80%代森锰锌125g＋2.5%高效氟氯氰菊酯50ml；释放橘小实蝇诱杀剂（据监测虫情另加）

（续表）

序号	施药时期与防治对象	推荐用药及浓度	使用药液量与配制方法
14	9月中下旬（防治炭疽病、霉污病、桃潜叶蛾、橘小实蝇等）	50%克菌丹可湿性粉剂1 000倍液+25%灭幼脲悬浮剂2 000倍液；释放橘小实蝇诱杀剂（据监测虫情另加）	每亩用水不少于240kg，需用药剂：50%克菌丹240g+25%灭幼脲120ml；释放橘小实蝇诱杀剂（据监测虫情另加）每100kg水加入药剂：50%克菌丹100g+25%灭幼脲50ml；释放橘小实蝇诱杀剂（据监测虫情另加）

注意事项：

1. 喷药时间指的是正常年份的大致时期，每年物候期有所差异，应适当调整。

2. 为保障防治效果，请严格执行防治历，不要随意变更施药种类、次序和时间。

3. 桃树病虫害的防治是根据主要病害的发生情况，以杀菌剂为基础的，合理施用的适时，使用浓度和时期，可根据当地一次药。杀虫、杀螨剂的使用则是根据当地虫害、螨害的发生情况加入的。其加入种类，使用浓度和时期，可根据当地虫害、螨害的发生种类、抗药性情况作适当调整。

4. 药剂施入量是指成龄果园每667m²施入药的制剂量，用水量是推荐最少用水量，但每667m²施药用水量不增加。若药液不够可适当增加用水量，若药液不够可适当增加用水量。

5. 喷药前明确防治对象，喷雾时喷嘴朝上，先下、先上、先中间、后外围喷药。大压力，大雾量、细喷孔、雾化好的机动施药器械效果好，严禁使用雾化不好的喷枪。雨前喷药的防效好于降雨后喷药。

6. 药剂混配技巧：先将盛药液容器加入应配水量的2/3，分别将各单剂用少量水混匀后，在不断搅拌下逐一加入盛水容器中，最后加入水至足量。

肥城桃分级标准

1 要求

1.1 基本要求

——完好；

——新鲜、洁净；

——无碰压伤、裂果、虫伤、病害等果面缺陷；

——无异常外部水分；

——无异味；

——充分发育，达到市场和运输贮藏所要求的成熟度。

1.2 等级划分

在符合基本要求的前提下，肥城桃分为特级、一级和二级。等级划分应符合表1的规定。

1.3 容许度

按果实数量计算：特级可有不超过5%的果实不满足本级要求，但满足一级要求，其中有果面缺陷的果实不超过3%。一级可有不超过10%的果实不满足本级要求，但满足二级要求，其中有果面缺陷的果实不超过5%。二级可有不超过15%的果实不满足本级要求，但满足基本要求，其中有果面缺陷的果实不超过8%。

表1 桃果实等级划分

项目	质量指标 等级	特级	一级	二级
果形		果型端正，具有本品种固有的特征	果型端正，具有本品种固有的特征	果型端正，允许有轻微缺陷
色泽		具有本品种成熟时应有的色泽，红里肥城佛桃阳面着红色，底色米黄色；白里肥城佛桃果面全为米黄色，色泽鲜亮	具有本品种成熟时应有的色泽，红里肥城佛桃阳面着红色，底色米黄色；白里肥城佛桃果面全为米黄色，色泽较鲜亮	红里肥城佛桃阳面少量红色，底色浅绿色；白里肥城佛桃浅绿色，色泽浅绿
果实横径（mm）		≥95	≥90	≥80
果面果缺	碰压伤	不允许	允许碰压伤1处，总面积≤0.3cm^2	允许碰压伤总面积≤1.0cm^2，其中最大面积≤0.5cm^2
	磨伤	允许轻微磨伤1处，总面积≤1.0cm^2	允许轻微磨伤不多于2处，总面积≤2.0cm^2	允许轻微磨伤不多于3处，总面积≤3.0cm^2
	水锈、垢斑	不允许	允许轻微薄层痕迹，总面积≤1.0cm^2	允许轻微薄层痕迹，总面积≤2.0cm^2
	雹伤	不允许	允许轻微者1处，总面积≤1.0cm^2	允许轻微者2处，总面积≤2.0cm^2

（续表）

项目 \ 质量指标 \ 等级		特级	一级	二级
果面果缺	裂果	不允许	允许风干裂口2处，每处长度≤0.5cm	允许风干裂口2处，每处长度≤1.0cm
果实理化指标	可溶性固形物（%）	≥15.00	≥14.00	≥12.00
	总糖量（%）	≥8.00	≥8.00	≥6.00
	总酸量（%）	≤0.40		
	硬度（kgf/cm²）	5.00～6.00		

2　检验

2.1　检验批次

同品种、同等级、同一批作为一个检验批次。

2.2　检验方法

将样品置于自然光下，用游标卡尺检验果径，用鼻嗅和品尝的方法检测异味，其余指标由目测或用量具测量确定。当果实外部表现有病虫害症状或对果实内部有怀疑时，应检取样果剖开检验。一个果实同时存在多种缺陷时，仅记录最主要的一种缺陷。不合格率按式（1）计算，结果保留一位小数。

$$X=m_1/m_2 \times 100 \tag{1}$$

式中：

X——不合格率，单位为百分数（%）；

m_1——不合格果的数量；

m_2——检验样本的数量。

3 包装

（1）以桃受到适当保护的方式包装，包装内无异物。

（2）每个包装内桃产地、品种、等级、大小和成熟度应相同。

（3）包装内容物的可见部分应代表整个包装的情况。

（4）所用包装材料应新鲜、洁净，且不会对产品造成外部的或内在的损伤。包装材料尤其是商品说明书或标签，其印刷和粘贴应使用无毒的墨水或胶水。

（5）特级桃必须分层包装。

4 标志

应在各包装的同一侧的外面，标明产品名称、品种、产品执行标准标号、等级、规格、生产单位和详细地址、产地及采收、包装日期等。要求字迹清晰、完整、准确。

肥城桃采后处理技术规程

1 范围

本标准规定了肥城佛桃果实的采收、采后处理、包装、标志、贮藏方法、运输等技术要求。

本标准适用于肥城佛桃鲜销果实的采后处理。

2 采收

2.1 采收期

采收期应根据品种特性、果实成熟情况、用途、销售远近等情况分期、分批采收。

就地鲜销的成熟度达到八、九成熟时采收，要求达到该品种应有的底色，绿色褪尽，茸毛较少，果肉稍有弹性，红里品种大部分着色，表现出该品种的风味特性。入冷库贮藏和远途运输的果实，七八成熟时采收。

2.2 采收时间

宜在一天中温度较低的时段采收，晴天上午或阴天进行。雨天、露水未干、浓雾或中午烈日高温时不宜采果。

2.3 采收方法

桃果实硬度较低,采摘时应轻摘、轻放,防止机械伤害。采果时应按先采外围、后采内膛,先采上层、后采下层的顺序逐枝采收。人工采果,采收人员应剪齐指甲、戴上手套,小心拖住果实,左右摇动使其脱落,不能扭转,不能用力捏果实。采收过程应轻拿轻放,减少转筐(箱)、倒筐(箱)次数。采收容器(箱、筐)盛装量不宜过大,3~4kg为宜,最大不超过10kg,篮子内垫海绵或软布,避免碰伤。

3 采后处理

3.1 选果

人工剔除腐烂果、伤病果、畸形果和小果。

3.2 分级

根据果实品质和大小进行分级,按照肥城佛桃分级标准执行。

3.3 预冷

采后4h内及时放入0℃冷库预冷,24~48h果温降到0~2℃时,转入冷库中贮藏。运输过程中可将冰袋放入包装箱内。来不及运输的桃应摆放在树下阴凉通风处,避免日晒或雨淋。

4 贮藏

4.1 贮藏室堆放要求

包装件应分批、分品种码垛堆放。每垛应挂牌分类，标明品种、入库日期、数量、质量、检查记录。要求箱体堆码整齐、稳固，并留有通风道，码垛高度应符合底层外箱承受压力。

4.2 贮藏条件

贮藏温度 ± 0.5℃左右，相对湿度90% ~ 95%。

5 包装

视销售方式及销售群体分礼盒包装和简易包装。同一包装内产品的等级、规格应一致。

5.1 礼盒包装

用作礼品的肥城佛桃可用纸盒、木盒或塑料盒包装。桃果用柔软水果专用包装纸或聚乙烯水果发泡网包裹。包装盒底部放置蛋托结构水果专用托盘，单层排放在托盘上。盒内放置检测合格证。长途运输的需要单果分隔。

5.2 简易包装

普通商品桃或待加工礼品桃，桃果用柔软水果专用包装纸或聚乙烯水果发泡网包裹后，采用干净卫生塑料周转箱盛装。

6 标志

6.1　包装储运图示按GB/T 191规定执行。

6.2　包装上应标注商标、品名、等级、果实大小、果实数量、毛重（kg）、净重（kg）、经销商、产地、包装厂、采收期、包装日期。

6.3　标志要求字迹清晰、完整、无错、字体规范、不褪色。

7 运输

7.1　运输工具必须清洁、干燥、无毒、无污染、无异物，防晒和防雨水渗入，装运轻装轻卸。

7.2　宜采用冷藏车或冷藏集装箱，运输温度宜0～2℃。

肥城桃

1 主题内容与适用范围

本标准规定了肥城桃的等级、术语及分类、技术要求、检验方法、检验规则、包装、标志、贮存、运输和保管。

本标准适用于肥城桃（佛桃）的商品果实。

2 规范性引用文件

下列文件中的条款通过本标准的引用而成为本标准的条款。凡是注日期的引用文件，其随后所有的修改单（不包括勘误的内容）或修订版均不适用于本标准，然而，鼓励根据本标准达成协议的各方研究是否可使用这些文件的最新版本。凡是不注日期的引用文件，其最新版本适用于本标准。

GB 2762　食品中汞限量卫生标准

GB 2763　粮食、蔬菜等食品中六六六、滴滴涕残留量标准

GB 4788　食品中甲拌磷、杀螟松、倍硫磷最大残留限量标准

GB 4808　食品中氟允许量标准

GB 4810　食品中砷限量卫生标准

GB 5127　食品中敌敌畏、乐果、马拉硫磷、对硫磷允许残留量标准

GB 6194　水果、蔬菜可溶性糖测定法

GB 6543　瓦楞纸箱

GB/T 5009.11—1996　食品中总砷的测定方法

GB/T 5009.17—1996　食品中总汞的测定方法

GB/T 5009.18—1996　食品中氟的测定方法

GB/T 5009.19—1996　食品中六六六、滴滴涕残留量的测定方法

GB/T 5009.20—1996　食品中有机磷农药残留量的测定方法

3　术语和定义

下列术语和定义适用于本标准。

3.1　果形 fruit shape

指果实在成熟时应具有的形状，呈圆球形，果顶有明显的凹陷或果尖凸起特征。如外形有严重偏缺，为畸形果。

3.2　果面洁净 fruit exocarp clean

指果品表面无污垢、药物残留、灰尘及其他外来污物的污染。

3.3　果实完好 sound

指果实无病虫害、腐烂，无任何损坏形态完整的破坏或损伤。

3.4 果实色泽 colouring

指桃果成熟时的色泽，阳面呈米黄色或部分红晕，底色黄绿色。

3.5 成熟 mature

指果实已达充分发育阶段，达到本品种应有的色泽和风味。

3.6 果实横径 diameter at the equatorial section

指果实胴部的最大直径，以毫米（mm）表示。

3.7 刺伤 skin puncture

指采摘时或采后处理过程中果实受到的机械损伤。

3.8 碰压伤 bruising

指采摘时或采后由于碰撞或受压而造成的机械伤或人为损伤，伤处果皮未破，伤面轻微凹陷，无汁液外溢现象。

3.9 不正常的外来水分 abnormal outside water

指经雨淋或用水冲洗后果实表面带有的水分。

3.10 磨伤 rubbing

指由枝、叶摩擦而形成的果皮损伤，伤处成片状或网状，轻微者色浅，网状不明显，严重者磨伤处呈深褐色。

3.11　水锈、垢斑 water rust、dirt spot

水锈指果实发育期间，因受气候、病菌等影响，在果面形成的褐色斑块；垢斑指农药或尘埃在果面上留下的褐色斑块。

3.12　雹伤 hail damage

指果实在生长发育期间受冰雹击伤。果皮被击破且伤及果肉者为重度雹伤；果皮未破，伤处略呈现凹陷，皮下果肉受伤较浅，而且愈合良好的为轻度雹伤。

3.13　裂果 cracks

指果实表皮上的自然裂痕，包括已愈合风干口和未愈合的新鲜裂口。

3.14　虫伤、病害 insects pest、diseases

虫伤指害虫为害果皮和果肉造成的伤害，按伤害的面积计算；病害指果实在生长发育或贮藏期间，由侵染性病原或生理性病原引起的果实畸形、褐变或腐烂等症状。

4　技术要求

4.1　等级质量指标应符合表1规定。

4.2　卫生指标

按GB 2762、GB 2763、GB 4808、GB 4788、GB 4810、GB 5127等标准中的水果类指标执行。

表1 肥城桃的等级质量指标

质量指标/等级 项目	一等品	二等品	三等品
基本要求	各等级的肥城桃果都必须完整良好，新鲜洁净，无不正常的外来水分，无异味，发育正常，无刺伤、划伤等机械损伤，无虫伤及病害。具有贮存或市场要求的成熟度。		
果型	果型端正，具有本品种固有的特征		果型端正，允许有轻微缺陷
色泽	具有本品种成熟时应有的色泽，且鲜亮	具有本品种成熟时应有的色泽	色泽浅绿
果实横径（mm）	≥90mm	≥85mm	≥75mm
果面果缺 碰压伤	不允许	允许碰压伤1处，面积不超过0.3cm²	允许碰压伤总面积不超过1.0cm²，其中最大处面积不超过0.5cm²
磨伤	允许轻微磨伤1处，面积≤1.0cm²	允许轻微磨伤不得多于2处，总面积≤2.0cm²	允许轻微磨伤不得多于3处，总面积≤3.0cm²
水锈、垢斑	不允许	允许轻微薄层痕迹，面积≤1.0cm²	允许轻微薄层，面积≤2.0cm²
雹伤	不允许	允许轻微者1处，面积≤1.0cm²	允许轻微者2处，总面积不超过2.0cm²
裂果	不允许	允许风干裂口2处，每处长度≤0.5cm	允许风干裂口2处，每处长度≤1.0cm

（续表）

质量指标 项目		一等品	二等品	三等品
果实理化指标	硬度（kgf/cm^2）	5.00 ~ 6.00		
	可溶性固形物（%）	≥13.00		≥11.00
	总糖量（%）	≥8.00		≥6.00
	总酸量（%）	≤0.40		
	采收期*	8月下旬至9月上旬		

*：采收期指山东省肥城市肥城桃主产区

5 检验方法

5.1 等级规格检验

5.1.1 检验用具

（1）检验台；

（2）低倍放大镜（5 ~ 10倍）；

（3）不锈钢水果刀；

（4）标准分级量果板；

（5）卷尺和卡尺；

（6）大台称；

（7）小台称。

5.1.2 检验程序

将抽取样品称重后，逐件铺放在检验台上，按标准规定项目检出不合格果和腐烂果，以件为单位分项记录，每批样果检验完毕后，计算检验结果，判定该批果品的等级品质。

5.1.3 评定方法

5.1.3.1 果实的果型、色泽、成熟度均由感观鉴定。果面缺陷和损伤由目测结合测量确定。

5.1.3.2 果实的果径大小用标准分级量果板测定。

5.1.3.3 病虫害用肉眼或放大镜检查外表症状，并检取样果数个，用水果刀进行切剖检验，如发现有内部病变时，需扩大切剖数量。

5.1.3.4 在同一果实上兼有两项以上不同缺陷项目者，可只记录其中对品质影响较重的一项。

5.1.3.5 检验时，将各种不符合规定的果实检出，分项称量或记数，并在检验单上正确记录，按下式计算百分率，精确到0.1。

$$单项不合格率（\%）= \frac{单项不合格果重（或果数）}{检验总果重（或总果数）} \times 100$$

各单项不合格果百分率的总和即为该批桃不合格总果数的百分率。

5.2 理化指标检验

5.2.1 硬度、可溶性固形物及总酸的测定遵照附录的规定操作。

5.2.2 总糖（即可溶性总糖）按GB 6194规定方法测定。

5.3 卫生指标检验

5.3.1 制备试样

取样果10~15个，用水洗净擦干，纵向切成数块，各取相对的两块切碎，混匀称取50g放入组织捣碎机中捣碎，倒入清洁的玻璃样品瓶中备用。

5.3.2 测定方法

按GB/T 5009.17—1996、GB/T 5009.19—1996、GB/T 5009.20—1996、GB/T 5009.18—1996和GB/T 5009.11—1996规定方法测定。

6 检验规则

6.1 同一等级同一批商品的桃果作为一个检验批次。

6.2 生产单位或生产户交售产品时，必须分清类型、等级自行定量包装，写明交售件数和质量，凡货单不符、类型等级混淆不清、件数错乱、包装不符合规定者，应由生产单位或生产户重新整理后，收购单位再予验收。

6.3 允许零担收购，但也须分清类型、等级，按规定的品质指标分级验收，验收后由收购单位按规定称重包装。

6.4 抽样

6.4.1 抽取样品必须具有代表性，应参照包装日期在整批货物的不同部位按规定数量抽样。

6.4.2　按随机抽样法，在50件以内的抽取2件，51～100件的抽取3件，100件以上者以100件抽取3件为基数，每100件增抽1件，不足100件者以100件计。分散零担收购时，取样果数为总量的1%～3%。

6.4.3　如在检验中发现问题，可以酌情增加抽样数量。

6.5　理化检验取样

在检验大样中选取具有成熟度代表性的桃果30～40个，供理化和卫生指标测用。

6.6　检重

验收时，每件包装内的桃果净重必须符合规定重量，如有短缺，按检验重量计算。

6.7　收购检验以感官鉴定为主，按4.1所列各项对桃果逐个进行检查，将各种不合格果检出分别记录，计算后作为评定的依据。果实的理化、卫生检验分析结果作为评定果品内在质量的依据。

6.8　经检验评定不符合等级规定品质的桃果，应按其实际规定品质定级验收。如供货方不同意变更等级时，必须进行加工整理后再重新抽样检验，以重新检验结果作为评定等级的依据。

6.9　为保证供、购双方的利益，质量检验员对不合格果品应向供货方提交带有签章的文字说明，提出不合格理由及处理意见。经检验合格的果品，检验员附加签章的果品合格证。对检验合格的果品，购货方必须按既定价格收购。

6.10　容许度

6.10.1　为了允许某种分级和装运中容易产生的差异，在任何批量中允许8%的果实不符合等级要求，但有严重病虫害的果实不得多于3%，其中腐烂的果实不得多于1%。

6.10.2　容许度百分比的计算规则

容许度规定的百分率一般以重量计算，如包装上标明桃的个数，应以个数计算。

7　包装、标志

7.1　包装

7.1.1　同一批桃果包装必须一致（有专门要求的除外），每一包装件内必须是同一等级的果实。

7.1.2　包装容器必须清洁干燥，坚固耐压，无毒，无异味，内壁无造成桃果损伤的尖突物，具有良好的保护作用。

7.1.3　包装纸箱按GB 6543要求制作。纸箱容量依客商要求而定。

7.1.4　单果采用包装纸或泡沫网套包装。包装纸必须无毒、清洁、完整，质地细软，具有适当的韧性及抗潮和通气性能，大小以将桃果包紧包严为宜。泡沫网套的规格要适合桃果的大小。

7.1.5　分层装箱的桃果，应分层排放。包装密实，防止挤压。装箱后用胶带纸封严纸箱合缝处，10kg以上的包装箱应用包装带两道捆扎牢固。

7.2 标志

7.2.1 同一批果品的包装标志，在形式和内容上必须完全统一。

7.2.2 包装箱应在箱外的同一部位，印刷或贴上不易抹掉的文字和标记，字迹清晰，容易辨认。

7.2.3 标志应标明桃果的品名、等级、规格、产地、净重、包装日期。

8 运输与贮存

8.1 运输

8.1.1 桃果采收后必须立即按标准挑选分级、包装、验收，组织预冷、调运或贮存。

8.1.2 装卸运输中，必须轻拿轻放，轻装轻卸。长途运输宜采用冷藏车辆。

8.1.3 运输桃果的工具必须清洁卫生，不得与有毒、有异味、有害的物品混装、混运。

8.2 贮存

8.2.1 常温下贮存，必须选择通风、干燥、阴凉的地点，避免阳光直射和雨淋。

8.2.2 桃果冷库贮存时，在48h内，逐步将桃果温度降至零度（0℃），恒温库库内果温不得低于零度（0℃）。

附录
（规范性附录）

鲜桃理化检验方法

A.1 果实硬度

A.1.1 仪器

果实硬度计（须经计量部门检定）。

A.1.2 测试方法

检取果实20个，逐个在果实相对两面的胴部，用小刀削去一层厚度为1.2mm的果皮，尽可能少损及果肉。持果实硬度计垂直对准果面测试处，缓慢施加压力，使测头压入果肉至规定标线为止，从指示器所指处直接读数，即为果实硬度，统一规定以kgf/cm^2表示试验结果，取其平均值，计算至小数点后一位。

A.2 可溶性固形物

A.2.1 仪器

手持糖量计（手持折光仪）。

A.2.2 测试方法

校正好仪器标尺的焦距和位置，从果实相对两面的胴部的果肉中挤出汁液1~2滴，仔细滴在棱镜平面的中央，迅速关合辅助棱镜，静置1min，朝向光源明亮处调节消色环，视野内出现明暗分界线及与之相应的读数，取其平均值，即果实汁液在20℃下所含可溶性固形物的百分率。若检测环境温度不是20℃时，可按仪器侧面所附补偿温度计表示的加减数进行校正。连续使用仪器测定不同试样时，应在每次用完后用清水冲洗洁净，再用干燥的擦镜纸擦干才可继续进行测试。

A.3 总酸量（可滴定酸）

A.3.1 原理

果实中的有机酸以酚酞作指示剂，应用中和法进行滴定，以所耗用的氢氧化钠标准溶液的毫升数计算总酸量。

A.3.2 试剂

A.3.2.1 1%的酚酞指示剂

称取酚酞1g溶于100ml 95%的乙醇中。

A.3.2.2 0.1mol/L氢氧化钠标准溶液

准确称取化学纯氢氧化钠4g（精确至0.1mg），置于1 000ml容量瓶中，加新煮沸放冷的蒸馏水溶解后，加水至刻度，摇匀，按下法标定溶液浓度。

标定：准确称取邻苯二甲酸氢钾（化学纯，已在120℃烘箱中烘2h并冷却）0.3~0.4g（精确至0.1mg），置于250ml锥形瓶中，加入新煮沸放冷的蒸馏水100ml，待溶解后摇匀，加酚酞指示剂2~3滴，用氢氧化钠溶液滴至微红色，计算氢氧化钠标准溶液的浓度。

计算公式：$M = \dfrac{W}{V \times 0.204\ 2}$ （1）

式中：

M——氢氧化钠标准溶液的浓度，mol/L；

V——滴定时消耗的氢氧化钠标准溶液的体积，ml；

W——邻苯二甲酸氢钾的质量，g。

A.3.3 主要仪器

（a）天平：感量0.1mg；

（b）电烘箱；

（c）高速捣碎机或研钵；

（d）滴定管：刻度0.05ml；

（e）容量瓶：1 000ml、250ml、100ml；

（f）量杯或量筒：100ml

（g）移液管：50ml；

（h）锥形瓶、玻璃漏斗、电炉等。

A.3.4 试样制备

将测定硬度后的果实10个，逐个纵向分切成8瓣，每一果实取样1瓣，去皮和剜去不可食部分后，切成小块或擦成细丝，以四分法取果样100g，加蒸馏水100ml，置入捣碎机或研钵内迅速研磨成浆，装入清洁容器内备用。

A.3.5 测定方法

准确称取试样20g（精确至0.1mg）于小烧杯中，用新煮沸放冷的蒸馏水50～80ml，将试样放入250ml容量瓶中，置75～80℃水浴上加温30min，并摇动数次，促其溶解，冷却后定容至刻度，摇匀，用脱脂棉过滤，吸取滤液50ml于锥形瓶中，加酚酞指示剂2~3滴，用氢氧化钠标准溶液滴至微红色。

计算公式：总酸量（%）=$\dfrac{M \times V \times 0.067 \times 5}{W} \times 100$ （2）

式中：

　　M——氢氧化钠标准溶液的浓度，mol/L；

　　V——滴定时消耗氢氧化钠标准溶液数，ml；

　　W——试样重量（试样浆液20g相当试样10g），g。

平行试验允许误差为0.05%，取其平均值。

注：标准号NY/T 1192—2006

无公害肥城桃质量要求

1 范围

本标准规定了无公害肥城桃的定义、要求、试验方法、检验规则、标志、包装、运输及贮存。

本标准适用于无公害肥城桃（佛桃）的质量控制。

2 规范性引用文件

下列文件中的条款通过本标准的引用而成为本标准的条款。凡是注日期的引用文件，其随后所有的修改单（不包括勘误的内容）或修订版均不适用于本标准，然而，鼓励根据本标准达成协议的各方研究是否可使用这些文件的最新版本。凡是不注日期的引用文件，其最新版本适用于本标准。

GB/T 191 包装储运图示标志

GB/T 6543 瓦楞纸箱

GB/T 8855 新鲜水果和蔬菜的取样方法

GB 18406.2—2001 农产品安全质量 无公害水果安全要求

NY/T 1192—2006 肥城桃

3 术语和定义

下列术语和定义适用于本标准。

3.1 成熟 mature

指果实已达充分发育阶段，达到本品种应有的色泽和风味。

3.2 果实横径 diameter at the equatorial section

指果实胴部的最大直径，以毫米（mm）表示。

3.3 果实色泽 colouring

指桃果成熟时的色泽，阳面呈米黄色或部分红晕，底色黄绿色。

3.4 刺伤 skin puncture

指采摘时或采后处理过程中果实受到的机械损伤。

3.5 碰压伤 bruising

指采摘时或采后由于碰撞或受压而造成的机械伤或人为损伤，伤处果皮未破，伤面轻微凹陷，无汁液外溢现象。

3.6 不正常的外来水分 abnormal outside water

指经雨淋或用水冲洗后果实表面带有的水分。

3.7 磨伤 rubbing

指由枝、叶摩擦而形成的果皮损伤，伤处成片状或网状，轻微者色浅，网状不明显，严重者磨伤处呈深褐色。

3.8 水锈、垢斑 water rust、dirt spot

水锈指果实发育期间，因受气候、病菌等影响，在果面形成的褐色斑块；垢斑指农药或尘埃在果面上留下的褐色斑块。

3.9 雹伤 hail damage

指果实在生长发育期间受冰雹击伤。果皮被击破且伤及果肉者为重度雹伤；果皮未破，伤处略呈现凹陷，皮下果肉受伤较浅，而且愈合良好的为轻度雹伤。

3.10 裂果 cracks

指果实表皮上的自然裂痕，包括已愈合风干口和未愈合的新鲜裂口。

3.11 虫伤、病害 insects pest、diseases

虫伤指害虫为害果皮和果肉造成的伤害，按伤害的面积计算；病害指果实在生长发育或贮藏期间，由侵染性病原或生理性病原引起的果实畸形、褐变或腐烂等症状。

4 要求

4.1 等级要求

无公害肥城桃按果实横径、色泽、果面果缺分为一级品、二级品、三级品。

4.2　外观要求

外观要求应符合表1规定。

4.3　理化指标

理化指标应符合表2规定。

4.4　卫生指标

卫生指标应符合GB 18406.2中第4章的规定。

5　检验方法

5.1　外观指标检验

5.1.1　检验用具

（1）低倍放大镜（5～10倍）；

（2）不锈钢水果刀；

（3）标准分级量果板；

（4）卷尺和卡尺；

（5）台秤。

5.1.2　检验程序

将抽取样品称重后，逐件铺放在检验台上，按标准规定项目检出不合格果和腐烂果，以箱为单位分项记录，每批样果检验完毕后，计算检验结果，判定该批果品的等级品质。

肥城桃产业技术规程

表1　外观要求

项目		等级		
		一级品	二级品	三级品
基本要求		各等级的肥城桃果都必须完整良好，新鲜洁净，无不正常的外来水分，无异味，发育正常，无刺划伤等机械损伤，无虫伤及病害。具有贮存或市场要求的成熟度。		
果实横径（mm）		≥90	≥85	≥80
果型		果型端正，具有本品种固有的特征		果型端正，允许有轻微缺陷
色泽		具有本品种成熟时应有的色泽，且鲜亮	具有本品种成熟时应有的色泽	色泽浅绿
果面果缺	碰压伤	不允许	允许碰压伤1处，面积不超过0.3cm²	允许碰压伤总面积不超过1.0cm²，其中最大处面积不超过0.5cm²
	磨伤	允许轻微磨伤1处，面积≤1.0cm²	允许轻微磨伤不得多于2处，总面积≤2.0cm²	允许轻微磨伤不得多于3处，总面积≤3.0cm²
	水锈、垢斑	不允许	允许轻微薄层痕迹，面积≤1.0cm²	允许轻微薄层，面积≤2.0cm²
	雹伤	不允许	允许轻微者1处，面积≤1.0cm²	允许轻微者2处，总面积不超过2.0cm²
	裂果	不允许	允许风干裂口2处，每处长度≤0.5cm	允许风干裂口2处，每处长度≤1.0cm
集中采收期		8月下旬至9月上旬		

表2　理化指标

项目		指标
可溶性固形物（%）	≥	14.00
总酸量（以苹果酸计）（%）	≤	0.60

5.1.3　评定方法

5.1.3.1　果实的果型、色泽、成熟度均由感观鉴定。果面缺陷和损伤由目测结合测量确定。

5.1.3.2　果实的果径大小用标准分级量果板测定。

5.1.3.3　受病虫为害果实用目测或放大镜检查，并检取样果数个，用水果刀进行切剖检验，如发现有内部病变时，需扩大切剖数量。

5.1.3.4　在同一果实上兼有两项以上不同缺陷项目者，可只记录其中对品质影响较重的一项。

5.1.3.5　检验时，将各种不符合规定的果实检出，分项称量或记数，并在检验单上正确记录，按下式计算百分率，精确到0.1%。

$$单项不合格率（\%）= \frac{单项不合格果重（或果数）}{检验总果重（或总果数）} \times 100$$

各单项不合格果百分率的总和即为该批桃不合格总果数的百分率。

5.2　理化指标测定

5.2.1　可溶性固形物的测定

按NY/T 1192—2006附录中A.2规定执行。

5.2.2 总酸量的测定

按NY/T 1192—2006附录中A.3规定执行。

5.3 卫生指标测定

按GB 18406.2—2001中第4章规定执行。

6 检验规则

6.1 组批

同等级、一次采收的桃果作为一个检验批次。

6.2 抽样

按GB/T 8855规定执行。一个检验批次为一个抽样批次，抽样的样品必须具有代表性，应在全批货物的不同部位随机抽样，样品的检验结果适用于整个检验批次。

6.3 检验分类

6.3.1 型式检验

型式检验按本标准第4章的全部要求进行检验。有下列情形之一者应进行型式检验：

（1）前后两次交收检验结果差异较大；

（2）因人为或自然因素使生产环境发生较大变化；

（3）国家质量监督机构或主管部门提出型式检验要求。

6.3.2　交收检验

每批产品交收前，生产单位都应进行交收检验，交收检验内容包括包装、标志、感官要求，检验合格并附合格证的产品方可交收。

6.4　判定规则

6.4.1　一级品允许3％果实不符合本等级规定的要求，烂果不得多于1％。

6.4.2　二级品、三级品分别允许有5％、10％的果实不符合等级规定的品质要求。

6.4.3　容许度百分比的计算规则。容许度规定的百分率一般以重量计算，如包装上标明桃的个数，应以个数计算。

6.4.4　卫生指标中有一项指标不合格，即判定该批样品不合格。

7　标志

标签应注明名称、标准代号、产地、等级、数量、采收期。标志应符合GB/T 191的规定。

8　包装

8.1　同一批桃果包装必须一致（有特殊要求的除外），每一包装件内必须是同一等级的果实。

8.2　包装容器必须清洁干燥，坚固耐压，无毒，无异味，内壁无造成桃果损伤的尖突物，并有合适的通气孔，对产品具有良好的保护作用，包装内不得混有杂质。

8.3　包装纸箱应符合GB 6543要求。纸箱容量依客商要求而定。

8.4　单果采用包装纸或泡沫网套包装。包装纸必须无毒、清洁、完整，质地细软，具有适当的韧性及抗潮和通气性能，大小以将桃果包紧包严为宜。泡沫网套的规格要适合桃果的大小。

8.5　分层装箱的桃果，应分层排放。包装密实，防止挤压。装箱后用胶带纸封严纸箱合缝处，10kg以上的包装箱应用包装带两道捆扎牢固。

9　运输与贮存

9.1　运输

9.1.1　将包装后桃果立即组织预冷、调运或贮存。

9.1.2　装卸运输中，必须轻拿轻放，轻装轻卸。长途运输宜采用冷藏车辆。

9.1.3　运输桃果的工具必须清洁卫生，不得与有毒、有异味、有害的物品混装、混运。

9.2　贮存

9.2.1　常温下贮存，必须选择通风、干燥、阴凉的地点，避免阳光直射和雨淋。

9.2.2　桃果冷库贮存时，在48h内，逐步将桃果温度降至0℃，恒温库库内果温不得低于0℃。

注：标准号DB 37/T 1260—2009

无公害肥城桃产地环境条件

1 范围

本标准规定了无公害肥城桃产地选择要求、环境空气质量要求、灌溉水质量要求、土壤环境质量要求、试验方法及其采样方法。

本标准适用于无公害肥城桃产地。

2 规范性引用文件

下列文件中的条款通过本标准的引用而成为本标准的条款。凡是注日期的引用文件，其随后所有的修改单（不包括勘误的内容）或修订版均不适用于本标准，然而，鼓励根据本标准达成协议的各方研究是否可使用这些文件的最新版本。凡是不注日期的引用文件，其最新版本适用于本标准。

GB/T 6920　水质　pH值的测定　玻璃电极法

GB/T 7468　水质　总汞的测定　冷原子吸收分光光度法

GB/T 7475　水质　铜、锌、铅、镉的测定　原子吸收分光光度法

GB/T 7485　水质　总砷的测定　二乙基二硫代氨基甲酸银分光光度法

GB/T 15262　环境空气　二氧化硫的测定　甲醛吸收副玫瑰苯胺分光光度法

GB/T 15432　环境空气　总悬浮颗粒物的测定重量法

GB/T 17135　土壤质量　总砷的测定　硼氢化钾-硝酸银分光光度法

GB/T 17136　土壤质量　总汞的测定　冷原子吸收分光光度法

GB/T 17138　土壤质量　铜、锌的测定　火焰原子吸收分光光度法

GB/T 17141　土壤质量　铅、镉的测定　石墨炉原子吸收分光光度法

NY/T 395　土壤环境质量监测技术规范

NY/T 396　农田土壤环境质量监测技术规范

NY/T 397　农田环境空气质量监测技术规范

3　要求

3.1　产地选择

无公害肥城桃产地，应选择生态条件良好，远离污染源，并具有可持续生产能力的农业生产区域。

3.2　产地环境空气质量

无公害肥城桃产地空气质量应符合表1的规定。

表1 环境空气质量要求

项目	浓度限值	
	日平均	小时平均
总悬浮颗粒物（标准状态）（mg/m³） ≤	0.30	—
二氧化硫（标准状态）（mg/m³） ≤	0.25	0.70
氟化物（标准状态）（μg/m³） ≤	7.0	20

注：日平均温度指任何1日的平均温度；小时平均浓度指任何1小时的平均温度

3.3 产地灌溉水质量

无公害肥城桃产地灌溉水质量应符合表2的规定。

表2 灌溉水质量要求

项目	浓度限值
pH值	5.5 ~ 5.8
总铜（mg/L） ≤	1.0
总汞（mg/L） ≤	0.001
总铅（mg/L） ≤	0.1
总镉（mg/L） ≤	0.005
总砷（mg/L） ≤	0.1

3.4 产地土壤环境质量

无公害肥城桃产地的土壤环境质量应符合表3的规定。

表3　土壤环境质量要求

项目		含量限值		
		pH≤6.5	pH 6.5～7.5	pH≥7.5
总砷（mg/kg）	≤	40	30	25
总镉（mg/kg）	≤	0.30	0.30	0.60
总汞（mg/kg）	≤	0.30	0.50	1.0
总铜（mg/kg）	≤	150	200	200
总铅（mg/kg）	≤	250	300	350

注：本表所列含量限值适用阳离子交换量>5cmol/kg的土壤，若≤5coml/kg时，其含量限值为表内数值的半数

4　试验方法

4.1　环境空气质量指标

4.1.1　总悬浮颗粒物的测定按照GB/T 15432的规定执行。

4.1.2　二氧化硫的测定按照GB/T 15262的规定执行。

4.1.3　氟化物的测定按照GB/T 15434的规定执行。

4.2　灌溉水质量指标

4.2.1　pH值的测定按照GB/T 6920的规定执行。

4.2.2　总铜的测定按照GB/T 7475的规定执行。

4.2.3　总汞的测定按照GB/T 7468的规定执行。

4.2.4　总铅的测定按照GB/T 7475的规定执行。

4.2.5　总镉的测定按照GB/T 7475的规定执行。

4.2.6　总砷的测定按照GB/T 17135的规定执行。

4.3　土壤环境质量指标

4.3.1　pH值的测定按照NY/T 395的规定执行。

4.3.2　总铅的测定按照GB/T 17141的规定执行。

4.3.3　总镉的测定按照GB/T 17141的规定执行。

4.3.4　总砷的测定按照GB/T 17135的规定执行。

4.3.5　总汞的测定按照GB/T 17136的规定执行。

4.3.6　总铜的测定按照GB/T 17138的规定执行。

5　采样方法

5.1　环境空气质量监测的采样方法按NY/T 397的规定执行。

5.2　灌溉水质量监测的采样方法按NY/T 396执行。

5.3　土壤环境质量监测的采样方法按NY/T 395执行。

注：标准号DB 37/T 1261—2009

无公害肥城桃生产技术规程

1 范围

本标准规定了无公害肥城桃生产所要求的建园、土、肥、水管理方法、整形修剪、花果管理、病虫害防治技术以及果实采收与包装。

本标准适用于无公害肥城桃(佛桃)的生产。

2 规范性引用文件

下列文件中的条款通过本标准的引用而成为本标准的条款。凡是注日期的引用文件,其随后所有的修改单(不包括勘误的内容)或修订版均不适用于本标准,然而,鼓励根据本标准达成协议的各方研究是否可使用这些文件的最新版本。凡是不注日期的引用文件,其最新版本适用于本标准。

GB 4285 农药安全使用标准

GB 5084 农田灌溉水质标准

GB/T 8321 (所有部分)农药合理使用准则

NY/T 496 肥料合理使用准则 通则

DB 37/T 1261　　无公害肥城桃产地环境条件

DB 37/T 1260　　无公害肥城桃质量要求

3　要求

3.1　园地选择

选择土层深厚、土质肥沃、pH值6.5~7.8，排灌良好的沙质土壤，远离污染源，空气清新，水质纯净。

3.2　产地环境

选择土层深厚、土质肥沃、pH值6.5~7.8，排灌良好的沙质土壤，远离污染源，空气清新，水质纯净。产地环境应符合DB 37/T 1261。

3.3　栽植密度

自然开心形树形的株行距为4m×6m，"V"字形的株行距为3m×5m，南北行。

3.4　建园

3.4.1　苗木标准

成苗高70cm以上，地径粗0.8cm以上，枝条充实，节间紧凑，整形带内芽健壮饱满，根系发达，无病虫害。

3.4.2　整地挖穴

按行向、株行距放线打点设计，行向一致，株行距大小相同。大穴定植，挖直径80cm，深（50～70）cm的定植穴，将表土、底土分开堆放，回填时先填表土，随填土随踏实。若表土不够，可挖取附近行间表土填入。

3.4.3 定植

定植在穴中间，要求行直株匀，横、竖、斜成直线。

春栽：3月中下旬，栽植前，对苗木根系用1%硫酸铜溶液浸5min后再放到2%石灰液中浸2min进行消毒。栽苗时要将根系舒展开，苗木扶正，嫁接口朝迎风方向，边填土边轻轻向上提苗、踏实，使根系与土充分密接；栽植完毕后，立即灌水。

秋栽：落叶后到封冻前，除完成春栽工序外，还需在树下培土成馒头状，并对树苗进行涂白保护。

定植深度达到苗圃中起苗时土迹即可。

4 土、肥、水管理

4.1 土壤管理

4.1.1 深翻改土

分为扩穴深翻和全园深翻。每年秋季果实采收后结合秋施基肥进行。扩穴深翻在定植穴（沟）外挖环状沟或平行沟，沟宽80cm，深60cm左右；全园深翻是将栽植穴外的土壤全部深翻，深度（40～60）cm。土壤回填时混以有机肥，表土放底层，底土放上层，然后充分灌水，使根土密接。

4.1.2 中耕

中耕常与灌水相结合。桃园生长季节降雨或灌水后，应及时中耕松土，保持土壤疏松无杂草。早春灌水后中耕宜深，为8～10cm，以利保墒。硬核期灌水后中耕宜浅，约5cm，尽量少伤新根。雨季前将草除尽，以利桃园排水。采收后全园中耕松土，可稍深5～10cm。

4.1.3 覆草和埋草

覆草在春季施肥、灌水后进行，覆盖材料可以用麦秸、麦糠、玉米秸、干草等。把覆盖物覆盖在树冠下，厚度10～15cm，上面压少量土，麦收后再加压1次，并补充草量，连覆3～4年后浅翻1次，也可结合深翻开大沟埋草。

4.1.4 间作

树冠交接前，可在树盘外的行间种植豆类、花生等矮秆作物，忌间作黄烟和高秆长藤作物。

4.1.5 穴贮肥水

在树下根系集中分布区，挖4～6个直径30cm、深30～35cm的穴，捆制长、粗尺寸略小于穴深和直径的草把，浸透水（或含有肥料的水），垂直插入穴内，周围用混有土杂肥的土塞满，顶部放少许土及化肥（以尿素最好），上覆盖地膜，在穴正中地膜上插一小孔，平时用瓦片或石片遮盖小孔，干旱季节每15～20d，从小孔中注入3.5～5kg水。

4.2 施肥

4.2.1 幼树施肥

定植当年6—7月沟施尿素2次，第一次株施50g，第二次株施100g。第二年发芽前每株沟施尿素200g，6—7月再施一次，株施250g。

4.2.2 结果树施肥

4.2.2.1 施基肥

秋季果实采收后20~40d施基肥。以农家肥为主，混加少量K、P、K复合肥，施肥量按产1kg肥城桃施1.5~2.0kg优质农家肥计算，盛果期桃园每667m²施3 000~5 000kg，混加复合肥80~100kg。施用方法以沟施或撒施为主，施肥部位在树冠投影范围内。沟施为挖放射状沟或在树冠外围挖环状沟，沟深30~40cm；撒施是将肥料均匀地撒于树冠下，并深翻20cm。

4.2.2.2 土壤追肥

分为3次追肥，花前追肥，即3月上旬，以含氮高的复合肥为主，667m²施40~50kg；6月下旬，667m²施硫酸钾三元复合肥100kg，混加饼肥100~150kg；7月下旬，667m²施硫酸钾40~60kg。施肥方法是在树冠外围开深15~20cm环状或半月形沟施入，施后覆土。

4.2.2.3 根外施肥

结合喷药，生长前期（7月20日之前）喷0.3%~0.5%的尿素，生长后期喷0.3%的磷酸二氢钾，全年5~7次。

4.3 水分管理

灌溉水要清洁无毒、无污染，花前特别干旱，影响生长时可适量浇水；其他时期可结合施肥适当浇水；落叶前后灌冬水。

4.4 整形修剪

4.4.1 自然开心形

主干高30~40cm，树体高度3.5m以内，每株留3个主枝，各主枝水平方位相距120°，开张角度为基角50°，腰角70°。每主枝配备2~3个侧枝，侧枝上配备结果枝组和各类结果枝。

4.4.2 "V"字形

每株树只保留两大主枝向行间延伸发展，3年完成树体整形，各主枝间形成篱笆状，主干高为20~40cm，冠高为2.4~2.8m。两主枝间夹角最小110°~120°。

4.5 修剪

4.5.1 花前复剪

花前复剪在萌芽前后至花期前，主要是除枯枝、弱花枝，剪除回缩多余的辅养枝，短截花量过多的串花枝，调整花叶比例，修剪量宜轻宜小。

4.5.2 夏季修剪

以疏枝为主，不进行短截。主要疏除外围旺长枝、背上直立大枝、过密枝、徒长枝。修剪宜轻不宜重。

4.5.3 采果后修剪

采果后即可修剪，对于树冠上部的强旺枝或枝组，可在疏去强梢后自基部扭伤、下压；对于竞争枝，可采取扭伤的方法控制生长，向结果枝转化；对于重叠枝、交叉枝及老弱枝组，要及时回缩；对于过密枝、病虫枝、细弱枝及无用直立旺枝，要疏除；对于有空间保留的直立旺枝，可下压在冠内，缓和其生长势。

4.5.4　冬季修剪

先将病枝、枯死枝、徒长枝全部剪除，再按照剪密留疏、剪弱留强的原则剪除影响光照的过密枝、弱枝、无结果能力的衰老枝、衰退枝、垂地枝。最后，适当回缩树冠之间的交叉枝和过长的营养枝，以便于管理和采摘。

5　花果管理

5.1　疏花疏果

5.1.1　疏花

疏花主要疏掉小蕾、小花，留大蕾、大花，疏后开的花，留先开的花，疏畸形花，留正常花，疏掉丛蕾、丛花，留双蕾、双花、单花，疏除梢头花。因品种而定，白里肥桃需疏花，红里肥桃不宜疏花，宜早疏果。疏花从花蕾露红开始，直到盛花期（或末花）为止。

5.1.2　疏果

花后30d左右疏果。长果枝不留果；中果枝留2～3个果；短果枝留1～2个果，花丛枝留0～1个果；延长枝（幼树）不留果。667m^{2}产量在1 500～2 000kg。

5.2 套袋

5月下旬开始，6月中下旬结束。套袋前喷一遍药，选用双层袋进行果实套袋。除袋时间在采收前15~20d，双层袋分两次除纸袋内外层。除袋后，摘去果实周围遮光叶片，提高果实品质。

5.3 顶枝

随果实的增长，枝条负载增加，为了防止大枝劈裂，可用木棍顶住。

5.4 吊果与兜果

8月中、下旬对单轴延伸的果枝或中、小型枝组上结的果，用尼龙绳吊起或用物品兜住，防止折枝或风摩。

6 病虫害防治

桃树的主要病虫害有桃缩叶病、炭疽病、桃细菌性穿孔病、褐腐病、根癌病、流胶病等；虫害有红蜘蛛、桃蛀螟、蚜虫、梨小食心虫、介壳虫、潜叶蛾等。

6.1 农业防治

剪除病虫枝、清除枯枝落叶及残果、刮除树干翘裂皮、翻树盘、地面秸秆覆盖、科学肥水管理增强树势等措施。

6.2 物理防治

根据害虫生物学特性，采取频振式杀虫灯、性诱剂、黄板、糖醋液等方法诱杀害虫。

6.3 生物防治

人工释放赤眼蜂，助迁和保护瓢虫、草蛉、捕食螨等天敌，土壤施用白僵菌防治桃小食心虫，利用昆虫性外激素诱杀或干扰成虫交配。

6.4 化学防治

6.4.1 3月10日左右，用4.5%高效氯氰菊酯乳油6 000倍液加10%吡虫啉可湿性粉剂8 000倍液喷枝干。

6.4.2 3月下旬到4月上旬，花芽露红时，喷5波美度石硫合剂混加10%吡虫啉可湿性粉剂3 000～4 000倍液防治介壳虫、红蜘蛛、蚜虫等。

6.4.3 5月上旬，喷50%哒螨灵灭幼脲1 500～2 000倍液，防治梨小食心虫、桃蛀螟、红蜘蛛等，同时混加农用链霉素2 000倍液，防治细菌性穿孔病。也可单喷1∶2∶240的石灰硫酸锌溶液。

6.4.4 6月上中旬，喷70%甲基硫菌灵或70%代森锰锌加2.5%阿维菌素3 000倍液，防治鳞翅目害虫、潜叶蛾、红蜘蛛、白蜘蛛、防止病菌的侵入。

6.4.5 7月中下旬，喷800倍70%代森锰锌加灭脲3号2 000倍液，防治桃蛀螟、梨小食心虫、炭疽病、褐腐病等。

6.4.6 8月上中旬，50%异菌脲可湿性粉剂1 500倍液加30%己唑醇悬浮剂6 000倍液加72%农用硫酸链霉素水溶性粉剂（1 000万单位）4 000倍液加2.5%溴氰菊酯乳油2 500倍液，防治潜叶蛾、梨小食心虫、炭疽病、褐腐病等。

6.4.7 采收后，9月中下旬，喷50%福美锌可湿性粉剂500倍液加4.5%高效氯氰菊酯乳油2 000倍液加1.8%阿维菌素乳油3 000～4 000倍液，防治桃潜叶蛾及小绿叶蝉等。

7 果实采收与包装

7.1 果实采收

根据果实成熟度、用途和市场需求综合确定采收适期。成熟期不一致的品种，应分期采收。

7.2 分级、包装

果实采收后，按DB 37/T 1260的规定进行分级包装。

注：标准号DB 37/T 1262—2009

肥城桃种质资源

1 范围

本标准规定了肥城桃种质资源术语和定义、要求。

本标准适用于肥城桃种质资源描述。

2 规范性引用文件

下列文件对于本文件的应用是必不可少的。凡是注日期的引用文件，仅注日期的版本适用于本文件。凡是不注日期的引用文件，其最新版本（包括所有的修改单）适用于本文件。

DB 37/T 2194 肥城桃种质资源鉴定技术规程

3 术语和定义

下列术语和定义适用于本文件。

3.1 肥城桃种质资源

在肥城地域内具有共同基因基础的桃，通过实生、杂交，并经过长期人工选择，形成的具有优良性状的类型群体。

3.2 肥城桃

在肥城桃种质资源群体类型中，具有果大、晚熟、香浓、味甜特征的品种和品系，又称肥桃、俗称佛桃。

4 要求

4.1 植物学特征

植物学特征应符合DB 37/T 2194的规定。

4.2 生物学特性

生物学特性应符合DB 37/T 2194的规定。

4.3 果实性状

果实性状应符合DB 37/T 2194的规定。

4.4 抗逆性

抗逆性应符合DB 37/T 2194的规定。

4.5 品种（系）果实特性

品种（系）果实特性描述见表1。

表1 品种（系）果实特性描述

品种（系）	果实特性
红里大桃	果实大，平均单果重300g，最大900g，顶端微凸，缝合线过顶，果皮米黄色，阳面片状红晕，果肉乳白色，近核处果肉微红，呈辐射状，汁多，味甜，香气浓
白里大桃	果实大，平均单果重250g，最大500g，顶端微凸，缝合线过顶，果皮米黄色，肉质细韧，味甜、香气浓
香肥桃	香气比红里大桃浓，其他特性与红里大桃相似
酸肥桃	汁多酸度大，其他特性与红里大桃相似
早肥桃	比红里大桃早熟10~15d，平均单果重200g，其他特性与白里大桃相似
晚肥桃	比红里大桃晚熟10d左右，平均单果重250g，其他特性与红里大桃相似
柳叶肥桃	叶狭长，形似柳叶，其他特性与红里大桃相似
大尖肥桃	果尖凸出，其他特性与红里大桃相似

注：标准号DB 37/T 2193—2012

肥城桃种质资源鉴定技术规程

1 范围

本标准规定了肥城桃种质资源鉴定的技术要求和方法。

本标准适用于肥城桃种质资源植物学特征、生物学特性、果实性状和抗逆性的鉴定。

2 规范性引用文件

下列文件对于本文件的应用是必不可少的。凡是注日期的引用文件，仅注日期的版本适用于本文件。凡是不注日期的引用文件，其最新版本（包括所有的修改单）适用于本文件。

NY/T 1317—2007 农作物种质资源鉴定技术规程 桃

3 术语和定义

下列术语和定义适用于本文件。

3.1　单花芽

在一年生枝同一节上只着生一个花芽。

3.2　复花芽

在一年生枝同一节上着生两个或以上花芽。

3.3　成熟果实

果实已经完成其固有成熟过程，表现出品种应有的外观和风味。

3.4　丰产性

主干单位截面积上的产量。

3.5　需冷量

解除桃树自然休眠所需要的有效低温时数。

4　要求

4.1　样本采集

在植株达到盛果期并在正常生长情况下采集的代表性样本。

4.2　鉴定内容

鉴定内容见表1。

5 鉴定方法

表1给出参考指标的按参考指标进行，未给出参考指标的，按NY/T 1317—2007中第5章的规定进行，以样本实测值、检测结果、实际发生时间为准。参考指标见表1。

表1 肥城桃植物学特征、生物学特性、果实性状、抗逆性鉴定内容及参考指标

性状	内容	参考指标	备注
植物学特征	树姿	开张形、直立形	
	一年生长果枝皮色	—	按实测值
	一年生长果枝节间长度	—	按实测值
	叶色	—	按实测值
	叶形	狭披针形、宽披针形	
	叶尖形状	渐尖	
	叶基形状	楔形	
	叶缘形状	细锯齿状	
	叶腺形状	肾形	
	叶腺数量	—	按实测值
	侧脉末端形态	交叉	
	叶长	—	按实测值
	叶宽	—	按实测值
	叶柄长	—	按实测值
	花型	蔷薇型	
	花瓣类型	单瓣	花瓣数不足10瓣

（续表）

性状	内容	参考指标	备注
植物学特征	花瓣颜色	—	按实测值
	花径	—	按实测值
	雌雄蕊高度比	—	按实测值
	花粉育性	—	按检测结果
	萼筒内壁颜色	—	按实测值
	花药颜色	—	按实测值
	冬芽茸毛	中	
生物学特性	花芽/叶芽	—	按实测值
	单花芽/复花芽	—	按实测值
	花芽起始节位	—	按实测值
	自花授粉坐果率	—	按实测值
	采前落果率	—	按实测值
	丰产性	—	按实测值
	裂果率	—	按实测值
	裂核率	—	按实测值
	叶芽膨大期	—	按实际发生时间
	叶芽开放期	—	按实际发生时间
	始花期	—	按实际发生时间
	盛花期	—	按实际发生时间
	末花期	—	按实际发生时间
	展叶期	—	按实际发生时间

（续表）

性状	内容	参考指标	备注
生物学特性	果实成熟期	—	按实际发生时间
	大量落叶期	—	按实际发生时间
	落叶终止期	—	按实际发生时间
	果实生育期	—	按实际发生时间
	生育期	—	按实际发生时间
	需冷量	—	按实测值
果实性状	果形	圆球形	
	果顶形状	果尖微凸、尖圆	
	单果重	—	按实测值
	果实纵径	—	按实测值
	果实横径	—	按实测值
	果实侧径	—	按实测值
	缝合线深浅	深	
	果实对称性	对称	
	茸毛有无	有	
	茸毛密度	中	
	梗洼深度	深	
	梗洼宽度	广	
	果皮底色	—	按实测值
	果面盖色	—	按实测值

肥城桃产业技术规程

（续表）

性状	内容	参考指标	备注
果实性状	果面盖色程度	无、少、中	白里大桃为无，其他按实测值
	果面盖色类型	晕	
	果实成熟度一致性	—	按实测值
	果皮剥离难易程度	—	按实测值
	果肉颜色	—	按实测值
	果肉中红色素多少	—	按实测值
	果肉近核处红色素多少	—	按实测值
	肉质	软溶质、硬溶质	白里大桃为硬溶质，其他为软溶质
	风味	酸、酸甜、甜	
	汁液多少	多	
	香气	浓	
	核黏离性	黏	
	鲜核颜色	—	按实测值
	鲜核重	—	按实测值
	核形	卵圆	
	核长	—	按实测值
	核宽	—	按实测值
	核厚	—	按实测值
	核面光滑度	较粗糙	
	核仁风味	苦	

（续表）

性状	内容	参考指标	备注
果实性状	带皮硬度	—	按实测值
	去皮硬度	—	按实测值
	可溶性固形物含量	—	按实测值
	可溶性糖含量	—	按实测值
	可滴定酸含量	—	按实测值
	维生素C含量	—	按实测值
抗逆性	桃蚜抗性	—	按实测值
	南方根结线虫抗性	—	按实测值
	流胶病	—	按实测值

注：标准号DB 37/T 2194—2012

有机肥城桃产地环境及生产技术规范

1 范围

本标准规定了有机肥城桃的术语和定义、产地环境、栽培技术、常规生产园向有机生产园的转换、污染控制、水土保持和生物多样性保护、质量要求、运输和贮藏、包装和标志、管理体系及附录。

本标准适用于有机肥城桃生产的全过程。

2 规范性引用文件

下列文件对于本文件的应用是必不可少的。凡是注日期的引用文件，仅所注日期的版本适用于本文件。凡是不注日期的引用文件，其最新版本（包括所有的修改单）适用于本文件。

GB 2762 食品安全国家标准 食品中污染物限量

GB 2763 食品安全国家标准 食品中农药最大残留限量

GB 3095—2012 环境空气质量标准

GB 5084 农田灌溉水质标准

GB 15618—1995 土壤环境质量标准

GB 19175　桃苗木

GB/T 19630.1　有机产品　第1部分：生产

GB/T 19630.3　有机产品　第3部分：标志与销售

GB/T 19630.4　有机产品　第4部分：管理体系

NY/T 1192—2006　肥城桃

DB 37/T 2193—2012　肥城桃种质资源

3　术语和定义

下列术语和定义适用于本文件。

3.1　有机农业

遵照特定的农业生产原则，在生产中不采用基因工程获得的生物及其产物，不使用化学合成的农药、肥料、生长调节剂、饲料添加剂等物质，遵循自然规律和生态学原理，协调种植业和养殖业平衡，采用一系列可持续发展的农业技术以维持持续稳定的农业生产体系的一种农业生产方式。

3.2　有机肥城桃

经过有资质的认证机构认证的肥城桃。肥城桃的定义和品种（系）见DB 37/T 2193—2012中3.2和4.5的规定。

3.3　植体营养液

利用果树的花（疏下的花及花芽）、果（疏果、落果）或嫩枝（夏季剪下来的枝条）制作的营养液。

3.4 常规

生产体系及其产品未按照本标准实施管理的。

3.5 转换期

开始管理至生产单元和产品获得有机认证之间的时段。

3.6 缓冲带

在有机和常规地块之间有目的设置的、可明确界定的用来限制或阻挡邻近田块的禁用物质漂移的过渡区域。

3.7 生物多样性

地球上生命形式和生态系统类型的多样性，包括基因的多样性、物种的多样性和生态系统多样性。

4 产地环境

4.1 从事有机生产的主体应是边界清晰、所有权和经营权明确的生产单位（基地）。

4.2 生产基地应该选择距市区、工矿区、交通主干线、工业污染源、生活垃圾场等至少5km以上的区域，周围没有污染源，无明显水土流失、风蚀及其他环境问题。

4.3 生产基地及其附近农业生态环境良好，土壤质地良好，有机质含量高于（含）1%；土壤通气、保水、保肥能力强；气候较干燥，降雨适中，有灌溉条件和清洁水源。

4.4　生产基地在开始生产有机肥城桃前3年内未使用过化学合成农药、肥料等违禁物质，土壤重金属及农药残留含量达到生产有机产品的标准。

4.5　有机肥城桃生产基地内的环境质量应符合以下要求：

（1）土壤环境质量符合GB 15618—1995中的二级标准；

（2）农田灌溉用水水质符合GB 5084的规定；

（3）环境空气质量符合GB 3095—2012中的二级浓度限值。

5　栽培技术

5.1　苗木繁育

5.1.1　苗木繁育应符合GB 19175的规定。

5.1.2　允许使用嫁接等物理方法提高肥城桃的抗异性和适应性。

5.1.3　不得使用禁用物质和方法处理苗木。

5.2　苗木选择

5.2.1　用于有机栽培的品种、苗木、种子必须来自自然界。

5.2.2　用于有机栽培的苗木应选择来自认证的有机生产系统。在得不到认证的有机苗木的情况下（如在有机种植的初始阶段），也可使用未经禁用物质处理过的常规苗木，如各种植物或动物制剂、微生物活化剂、细菌接种和根菌等来处理种子和苗木，但要经过认证机构的认可。

5.2.3　严禁使用经化学合成物质和来自基因工程的微生物等禁用物质处理过的苗木。

5.3 建园准备

5.3.1 分析土壤状况（含土壤肥力评价、特殊障碍因素评估、污染因子检测等），建立土壤状况背景档案。

5.3.2 施足底肥、翻耕土壤、起垄、选择适宜间作物与覆盖物。

5.3.3 果园土壤消毒不得使用化学合成消毒剂。

5.3.4 选择适宜的肥城桃品种，以红里大桃和白里大桃为主。

5.3.5 采用合理的栽植密度与栽植方式。栽植密度要根据品种特点、土壤条件而定。

5.4 果园生草和覆盖

5.4.1 应在果树行间自然生草或是人工生草，并定期刈割处理。人工生草的种类包括豆科植物、一年或多年生绿肥植物、驱避植物、诱集植物，禁用高秆作物、病虫寄主植物。

5.4.2 行内覆盖。可覆草（包括秸秆）、可降解地膜、防水幕布等。

5.5 土壤管理

5.5.1 土壤培肥的原则

通过回收和利用果园的有机废弃物或种植绿肥、秸秆还田、施用有机肥等方式培肥土壤。

5.5.2 土壤指标

土壤指标见表1。

表1　土壤指标

项目	指标
土壤结构	团粒结构
有机质含量	有机转换期≥1.0%；有机栽培期≥1.5%
pH值	7.0 ~ 8.0
有益微生物数量	表层（5 ~ 20cm）大于5×10^9个/g；整体土层大于1.5×10^9个/g

5.5.3　土壤培肥的肥料种类和来源

5.5.3.1　有机肥应主要源于本有机肥城桃生产基地或有机农场（畜场），有特殊的养分需要时，允许使用通过有机认证的商品有机肥料。有机肥城桃种植允许使用的土壤培肥和改良物质见附录A。

5.5.3.2　允许使用天然来源的并保持其天然组分的矿物源肥料，不得使用化学技术处理提高其溶解性。应在施用前对其重金属含量或其他污染因子进行检测评估。

5.5.3.3　在土壤培肥过程中不得使用化学合成农药、肥料、工业下脚料和城市污水、污泥（物）。

5.5.4　土壤改良和施肥

5.5.4.1　土壤改良技术

土壤改良技术包括但不限于以下方式：

（1）掺施麦饭石：每667m²施用量150 ~ 300kg，随有机肥一起施入；

（2）酸碱调节：可施用适量熟石灰调节土壤pH值。

5.5.4.2 土壤施肥技术

土壤施肥技术包括但不限于以下方式：

（1）基肥：基肥以高温发酵肥料和腐熟农家肥为主，也可使用可溶性有机肥料，如鱼乳液、可溶性的鱼粉等。每年每667m²施入2 000kg以上有机肥。施用时期以秋季采果后一个月内为最佳。施用方法可采用条沟或放射状沟方式，沟深、宽不小于40cm，将土、有机肥充分混合后施入；

（2）追肥：在萌芽期、幼果膨大期和成熟前期，追施有机液态肥料或营养液等，施用量根据该阶段的营养需求确定，追肥方法可采用放射状沟、多点小穴、分散条沟及肥水一体化追肥；

（3）叶面肥：自制的植物体营养液和商品叶面肥仅作为营养补充，商品叶面肥应经有机认证机构的认证。

5.5.5 水分管理

5.5.5.1 选择合理的灌溉方式，灌溉用水应符合GB 5084规定。

5.5.5.2 采用节水灌溉技术，如渗灌、微喷灌、果园隔行交替灌溉、水肥一体化等。

5.5.5.3 雨季要及时排水防涝。

5.6 整形修剪

采用简化树形，实行全年修剪。

5.6.1 主要树形

5.6.1.1 自然开心形

主干高40～50cm，树体高度3.5m以内，每株留3个主枝，各主枝水平方位角120°，主枝开张角度为基角50°，腰角70°。每主枝配备2～3个侧枝，侧枝上配备结果枝组和各类结果枝。

5.6.1.2 "Y"字形

树高2.5m左右，干高60～80cm，每株树只保留两大主枝向行间延伸伸展，配置在相反的位置上，两主枝间夹角60°。在距地面1m处培养第一侧枝，第二侧枝在距第一侧枝40～60cm处培养，方向与第一侧枝相反。侧枝与主枝的夹角保持60°～80°。在主枝和侧枝上配置结果枝组和结果枝。

5.6.2 修剪方法

5.6.2.1 休眠期修剪

11月下旬至翌年2月下旬进行。疏除背上直立旺枝、主侧枝的竞争枝、细弱的下垂枝、病虫枝、枯死枝和过多的花束状果枝。对过高或势力过强的主枝，换头回缩。剪截回缩侧枝延长枝。剪截培养新枝组，回缩复壮多龄枝组，更新内膛结果枝。

5.6.2.2 生长期修剪

4月下旬至5月上旬，抹掉背上或其他部位过多、过旺的无效芽。5月中旬到6月上旬对强旺枝摘心扭梢，疏除过密枝，控制竞争枝。7月上旬到8月中旬以疏密为主，疏除过密枝，挡风遮光枝。

5.7 花果管理

5.7.1 疏花疏果

不得使用化学合成物质疏花。疏果自5月上旬开始至6月上旬结束，疏除小果、对腋果、畸形果、病虫果，同侧枝果间距30cm左右。

5.7.2　套袋

套袋时间在5月下旬开始到6月上旬结束，选用黄（褐）色单层条纹纸袋。

5.7.3　摘袋

采摘前10～15d摘袋，先将纸袋从底部撕开，3d后再将纸袋摘掉。

5.8　病虫害防控

5.8.1　防控原则

坚持"预防为主，综合防控"的植保方针，以有机肥城桃生产为目标，推行绿色植保技术。以改善果园生态环境、加强栽培管理、提高树体抗性为基础，优先选用农业和生态调控措施，保护利用及人工释放天敌，消除病虫潜伏携带载体，压低病虫源基数。

5.8.2　农业防控

培养健康和强健的肥城桃植株。采取春季休眠期药剂保护，夏季整形修剪、行间生草、树冠下覆盖除草，秋季剪除病虫枝、诱杀害虫、树干涂白，冬季修剪、清洁田园、刮除树干的粗皮等措施消除病虫源。

5.8.3　物理防控

利用灯光、色彩、人工、机械捕捉害虫。

5.8.4　生物防控

利用天敌昆虫、信息素、微生物控制病虫害。

5.8.5 允许使用物质

有机肥城桃种植允许使用的植物保护产品物质应符合附录B的规定。

6 常规生产园向有机生产园的转换

6.1 在进行常规生产的土地上新建果园必须经过一定的转换期。

6.2 生产者必须有一个明确的、完善的、可操作的转换方案和计划，在转换期间严格按照转换方案和计划的规定进行种植。

6.3 有机肥城桃的转换期一般不少于36个月。新开荒的、长期撂荒的、长期按传统农业方式耕种的或有充分证据证明多年未使用禁用物质的农田，应经过不少于12个月的转换期。

7 污染控制

7.1 应在有机生产和常规生产区域间设置8m以上的缓冲带或物理屏障。

7.2 应隔离有机地块与常规地块间的排灌系统。

7.3 常规农业系统中的设备在用于有机生产前，应充分清洗和消毒，去除污染物残留。

8 水土保持和生物多样性保护

8.1 应充分考虑资源的可持续利用，不得造成水土流失、土壤沙化、水资源浪费。

8.2 应预防土壤盐碱化、土壤酸化和土壤板结。

8.3 增加植被种类和有益生物的数量，保护生物多样性。

9 质量要求

9.1 有机肥城桃污染物限量应符合GB 2762的规定。

9.2 有机肥城桃农药最大残留限量应符合GB 2763的规定。

9.3 有机肥城桃等级质量指标应符合NY/T 1192—2006中4.1的规定。

10 运输和贮藏

10.1 运输

10.1.1 运输工具在装载有机产品前应清洗干净。

10.1.2 在运输工具及容器上，应设置专门的标志，避免与常规产品混杂。

10.1.3 在运输和装载过程中，外包装上应贴有清晰的有机认证标志及有关说明。

10.1.4 运输和装卸过程应有完整的档案记录。

10.2 贮藏

10.2.1 贮藏场所应清洁卫生，无有害生物、有害物质残留，不得使用任何禁用物质处理。

10.2.2 可使用常温贮藏、机械冷藏、气调贮藏等贮藏方法。

10.2.3 有机产品单独贮藏。

11 包装和标志

11.1 包装

包装应符合GB/T 19630.1的规定。

11.2 标志

标志符合GB/T 19630.3的规定。

12 管理体系

管理体系应符合GB/T 19630.4的规定。

肥城桃产业技术规程

附录A
（规范性附录）

有机肥城桃种植允许使用的土壤培肥和改良物质

表A.1　有机肥城桃种植允许使用的土壤培肥和改良物质

物质类别	物质名称、组分和要求	备注
I．植物和动物来源		
	绿肥	直接翻压
	畜禽粪便及其堆肥（包括圈肥）	满足堆肥的要求
	果园废弃物	满足堆肥的要求
	作物秸秆	与动物粪便堆制并充分腐熟
	干的农家肥和脱水的家畜粪便	满足堆肥的要求
	海草或物理方法生产的海草产品	未经过化学加工处理
	来自未经化学处理木材的木料、树皮、锯屑、刨花、木灰、木炭及腐殖酸物质	地面覆盖或堆制后作为有机肥源
	未掺杂防腐剂的肉、骨头和皮毛	经过堆制或发酵处理后
	蘑菇培养废料和蚯蚓培养基质的堆肥	满足堆肥的要求
	不含合成添加剂的食品工业副产品	应经过堆制或发酵处理后

（续表）

物质类别	物质名称、组分和要求	备注
	草木灰	
	饼粕	不能使用经化学方法加工的，非转基因来源的
	鱼粉、骨粉	未添加化学合成的物质
	沼液、沼渣	应经过发酵处理后
Ⅱ. 矿物来源		
	磷矿石	应当是天然的，应当是物理方法获得的，P_2O_5中镉含量≤90mg/kg
	钾矿粉	应当是物理方法获得的，不能通过化学方法浓缩。氯的含量少于60%
	硼酸岩	
	微量元素	天然物质或来自未经化学处理、未添加化学合成物质
	镁矿粉	天然物质或来自未经化学处理、未添加化学合成物质
	天然硫黄	
	石灰石、石膏和白垩	天然物质或来自未经化学处理、未添加化学合成物质
	黏土（如珍珠岩、蛭石等）	天然物质或来自未经化学处理、未添加化学合成物质
	钙镁改良剂	
	氨基酸螯合物	氨基酸与有益金属离子物理螯合

（续表）

物质类别	物质名称、组分和要求	备注
	Ⅲ. 微生物来源	
	可生物降解的微生物加工副产品，如酿酒和蒸馏酒行业的加工副产品	
	天然来源、非转基因的微生物菌肥	

附录B
（规范性附录）

有机肥城桃种植允许使用的植物保护产品物质

表B.1　有机肥城桃种植允许使用的植物保护产品物质

物质类别	物质名称、组分和要求	备注
	I．杀虫剂	
植物源	印楝树提取液及其制剂	不得以苯、二甲苯为溶剂
	天然除虫菊植物提取液及其制剂	不得以苯、二甲苯为溶剂
	苦木科植物提取液及其制剂	不得以苯、二甲苯为溶剂
	鱼藤酮植物提取液及其制剂	不得以苯、二甲苯为溶剂
	苦参类植物提取液及其制剂	不得以苯、二甲苯为溶剂
	其他植物提取液及其制剂	不得以苯、二甲苯为溶剂
	植物油及植物油乳化剂	不得使用转基因成分
微生物源	真菌及真菌制剂（如：白僵菌、绿僵菌、轮枝菌等）	
	细菌及细菌制剂（如：苏芸金杆菌，即Bt等）	
	病毒及病毒制剂（如：多角体病毒、颗粒体病毒等）	
	线虫（如：斯氏线虫等）	

（续表）

物质类别	物质名称、组分和要求	备注
动物源	寄生性天敌（如：赤眼蜂、平腹小蜂等）	
	捕食性天敌（如：捕食螨、瓢虫等）	
矿物源	石灰硫黄（多硫化钙）	
	轻矿物油（如：石蜡油等）	
	软皂（钾肥皂）	不得添加化学物质
Ⅱ.杀菌剂		
植物源	天然酸（如：食醋、木醋、竹醋和稻醋等）	
	蘑菇及其蘑菇基质的提取物	
	乙醇	
	植物提取液及其制剂	不得以苯、二甲苯为溶剂
动物源	牛奶及其奶制品	
	蜂蜡	
	蜂胶	
	明胶	
	卵磷脂	
微生物源	天然来源的细菌活体制剂（如：抗根癌菌等）	
	天然来源的真菌活体制剂（如：木霉等）	
	天然来源的放线菌活体制剂	
	铜盐（如：硫酸铜、氢氧化铜、氨基酸铜等）	不得对土壤造成污染

（续表）

物质类别	物质名称、组分和要求	备注
矿物源	石灰硫黄（多硫化钙）	
	石灰	
	硫黄	
	高锰酸钾	
	碳酸氢钾	
	碳酸氢钠（小苏打）	
	氢氧化钙	
其他	二氧化碳	
Ⅲ.杀螨剂		
矿物源	硫黄	
	石硫合剂	
	硫制剂	不得添加化学物质
植物源	植物提取液及其制剂	不得以苯、二甲苯为溶剂
微生物源	寄生微生物（如：虫霉、病毒等）	
动物源	捕食性天敌（如：捕食螨、瓢虫等）	
Ⅳ.诱捕器		
	昆虫信息素	仅用于诱捕器和散发皿内
	灯光诱杀	

肥城桃产业技术规程

（续表）

物质类别	物质名称、组分和要求	备注
	糖醋液诱杀	
	色彩诱杀（黄板、蓝板等）	
Ⅴ.物理隔离		
	防虫网	
	育果袋	
	塑料制品	
Ⅵ.拒避剂和迷向剂		
	涂白剂	驱避高等动物
	茶皂素	软体动物
	昆虫信息素	干扰成虫觅偶交配
	印楝	
	植物提取液	

注：标准号DB 37/T 3272—2018

农产品追溯要求　肥城桃

1　范围

本标准规定了建立和实施肥城桃供应链追溯体系的信息记录要求。覆盖环节包括但不局限于种植、收购、仓储、物流、销售等。

本标准适用于肥城桃供应链中各种规模和复杂程度的组织，包括直接或间接介入肥城桃供应链中的一个或多个环节的组织。

2　规范性引用文件

下列文件对于本文件的应用是必不可少的。凡是注日期的引用文件，仅注日期的版本适用于本文件。凡是不注日期的引用文件，其最新版本（包括所有的修改单）适用于本文件。

GB/Z 25008　饲料和食品链的可追溯性　体系设计与实施指南

3　术语和定义

GB/Z 25008界定的术语和定义适用于本标准。为了便于使用，以下重复列出了GB/Z 25008中的一些术语和定义。

3.1　肥城桃 Feicheng peaches

在肥城市境内实行标准化生产的，外观特征、内在品质达到规定质量标准的佛桃。

3.2　追溯单元 traceable unit

需要对其来源、用途和位置的相关信息进行记录和追溯的单个产品或同一批次产品。

3.3　外部追溯 external traceability

对追溯单元从一个组织转交到另一个组织时进行追踪和（或）溯源的行为。外部追溯是饲料和食品链上组织之间的协作行为。

3.4　内部追溯 internal traceability

一个组织在自身业务操作范围内对追溯单元进行追踪和（或）溯源的行为。内部追溯主要针对一个组织内部各环节间的联系。

3.5　基本追溯信息 basic traceability data

能够实现组织间和组织内各环节间有效链接的最少信息，如生产批号、生产日期、生产班次等。

3.6　扩展追溯信息 extended traceability data

除基本追溯信息外，与食品追溯相关的其他信息，可以是食品质量或用于商业目的的信息。

3.7　接收信息 received data

供应链上的组织在接收追溯单元时从其上游组织获得的信息以及交易本身产生的信息，这部分信息属于外部追溯信息。

3.8　处理信息 processed data

供应链上的组织接收追溯单元后，到将追溯单元输出给下游组织前，对追溯单元进行加工处理过程中产生的信息，这部分信息属于内部追溯信息。

3.9　输出信息 outputed data

供应链上的组织在输出追溯单元时向其下游组织输出的信息以及交易本身产生的信息，这部分信息属于外部追溯信息。

4　总要求

4.1　组织应依据本标准的要求建立相应的追溯信息记录，并形成文件加以实施和保持，必要时进行更新。

4.2　组织应确定追溯的范围，并保证追溯范围内肥城桃供应链上、下游组织间信息的有效传递和沟通。各组织内部应保持接收信息、处理信息以及输出信息的有效链接。

4.3　组织间应对需要记录的追溯信息达成共识，在实现追溯目的要求的基础上，宜增加信息的交流与共享。

4.4　组织间应就追溯信息保存期限达成一致，数据文件的保存期应符合法律法规要求。

4.5 若产品涉及流程多于所列环节，需要按照追溯信息不间断原则，将新增流程中的追溯信息予以记录，并按照标准规范予以操作实施。若产品涉及流程少于所列环节，只需记录和实施所历经环节即可。

4.6 若产品信息记录项目多于所列项目，应将新增追溯信息予以记录，并按照标准规范予以操作实施。若产品信息记录项目少于所列项目，只需记录所列项目即可。

4.7 组织宜采用追溯信息系统、摄影、摄像等手段记录追溯信息并加以保存。

5 追溯信息记录要求

5.1 种植环节

种植环节——追溯信息记录要求见表1。

表1 种植环节——追溯信息记录要求

追溯信息	描述	信息类型	
		基本追溯信息	扩展追溯信息
种植公司、种植基地、种植户信息			
种植公司、种植基地、种植户信息	名称、地址、联系人、联系方式	★	
	营业执照、代码证书、许可证、ISO 9000证书、ISO 14000证书、ISO 22000证书、无公害食品、绿色食品、有机食品证书等资质信息		★

（续表）

追溯信息	描述	信息类型	
		基本追溯信息	扩展追溯信息
接收信息			
苗木供应商信息	名称、地址、联系人、联系方式	★	
	资质信息		★
苗木信息	品种、批号、数量、纯度、接收日期	★	
	育苗时间、树龄、质量证明、验收质量记录		★
肥料、农药及其他投入品信息	制造商、经销商名称、地址、联系人、联系方式	★	
	产品生产资质、经营资质、质量证明		★
处理信息			
苗木信息	自繁苗木应有种子、接穗等苗木繁殖记录		★
地块信息	位置、编号、面积、种植品种及数量	★	
施肥信息	肥料名称、施肥时间、施肥数量、施肥人员	★	
灌溉信息	水质、时间、次数、人员等灌溉描述信息	★	
农药及其他投入品使用信息	药品名称、药品用途、用药时间、用药人员、用药描述	★	
种植环境信息	土质、空气质量、周围污染源情况、生长周期内异常的气候变化		★
采摘信息	日期、地块、数量、人员	★	

（续表）

追溯信息	描述	信息类型	
		基本追溯信息	扩展追溯信息
输出信息			
交易信息	产品名称、数量、质量等级、交易日期	★	
	收购商名称、地址、联系人、联系方式	★	
	产品描述、质量证明、产地、农药残留、有关部门质量检测信息		★

5.2 收购环节

收购环节——追溯信息记录要求见表2。

表2 收购环节——追溯信息记录要求

追溯信息	描述	信息类型	
		基本追溯信息	扩展追溯信息
收购商信息			
收购商信息	名称、地址、联系人、联系方式	★	
	营业执照、代码证书、许可证、ISO 9000证书、ISO 14000证书、ISO 22000证书等资质信息		★
接收信息			
供应商信息	名称、地址、联系人、联系方式	★	
产品信息	产品名称、数量、质量等级、收购日期	★	
	产品描述、质量证明、产地、农药残留、有关部门质量检测信息		★

（续表）

追溯信息	描述	信息类型	
		基本追溯信息	扩展追溯信息
处理信息			
收购产品的整合信息	产品名称、数量、分级、并批、包装、新产生的批号	★	
	产地、加工处理方式、储存条件		★
输出信息			
交易信息	产品名称、数量、质量等级、交易日期	★	
	收购商名称、地址、联系人、联系方式	★	
	产品描述、质量证明、产地、农药残留、有关部门质量检测信息		★

5.3　仓储、物流环节

仓储、物流环节——追溯信息记录要求见表3。

表3　仓储、物流环节——追溯信息记录要求

追溯信息	描述	信息类型	
		基本追溯信息	扩展追溯信息
仓储企业或物流企业的信息			
仓储或物流企业信息	名称、地址、联系人、联系方式	★	
	营业执照、代码证书、许可证、ISO 9000证书、ISO 14000证书、ISO 22000证书等资质信息		★

肥城桃产业技术规程

（续表）

追溯信息	描述	信息类型	
		基本追溯信息	扩展追溯信息
仓库、运输车辆信息	仓库地址、编号、仓储条件，运输人员、车辆牌号	★	
	运输车辆类型		★
接收信息			
供应商信息	名称、地址、联系人、联系方式	★	
产品信息	产品名称、批号、数量、质量等级、接收日期	★	
	产品描述、质量证明、产地、农药残留、有关部门质量检测信息		★
处理信息			
仓储、物流信息	产品名称、批号、数量、出入库时间、仓储时间、仓库编号、包装、运输车辆编号、运输日期、运输人员	★	
	运输车辆类型		★
储存信息	温度、湿度、卫生和消毒情况、保鲜剂使用记录		★
质量控制记录	产品质量变化情况、处理措施		★
输出信息			
交易信息	产品名称、批号、数量、质量等级、交易日期	★	
	销售商名称、地址、联系人、联系方式	★	
	产品描述、质量证明、产地、农药残留、有关部门质量检测信息		★

（续表）

追溯信息	描述	信息类型	
		基本追溯信息	扩展追溯信息
运输信息	运输人员、车辆牌号、始发地、目的地	★	
	运输车辆类型		★

5.4　销售环节

销售环节——追溯信息记录要求见表4。

表4　销售环节——追溯信息记录要求

追溯信息	描述	信息类型	
		基本追溯信息	扩展追溯信息
	销售商信息		
销售商信息	名称、地址、联系人、联系方式	★	
	营业执照、代码证书、许可证、ISO 9000证书、ISO 14000证书、ISO 22000证书等资质信息		★
	接收信息		
供应商信息	名称、地址、联系人、联系方式	★	
产品信息	产品名称、批号、数量、质量等级、农药残留、接收日期	★	
	产品描述、质量证明、产地、有关部门质量检测信息		★

（续表）

追溯信息	描述	信息类型	
		基本追溯信息	扩展追溯信息
处理信息			
产品信息	产品名称、批号、数量、质量等级	★	
	产品存储条件、产品描述、质量证明、产地、有关部门质量检测信息		★
输出信息			
交易信息	产品名称、批号、数量、质量等级、交易日期	★	
	产品描述、质量标志、产地、农药残留		★

注：标准号DB 37/T 1804—2011

地理标志产品　肥城桃

1　范围

本标准规定了肥城桃的地理标志产品保护范围、术语和定义、地理标志证明商标、种质资源、地域环境特点、生产技术、鲜果质量要求、试验方法、检验规则、追溯要求、标志包装、运输与贮存。

本标准适用于国家有关行政主管部门根据地理标志产品相关规定批准保护的肥城桃。

2　规范性引用文件

下列文件对于本文件的应用是必不可少的。凡是注日期的引用文件，仅注日期的版本适用于本文件。凡是不注日期的引用文件，其最新版本（包括所有的修改单）适用于本文件。

DB 37/T 1260—2009　无公害肥城桃质量要求

DB 37/T 1261　无公害肥城桃产地环境条件

DB 37/T 1262　无公害肥城桃生产技术规程

DB 37/T 1804　农产品追溯要求　肥城桃

DB 37/T 2193　肥城桃种质资源

国家质量监督检验检疫总局《地理标志产品保护规定》

3 地理标志产品保护范围

肥城桃地理标志保护范围限于国家有关行政主管部门根据相关地理标志产品保护规定批准的范围。即山东省肥城市境内，适宜栽植的地域范围为康王河流域以南，尚庄炉水库以北的石灰岩山区丘陵地带，主要种植区域为桃园镇、新城办事处、仪阳镇及安站镇安站村、站北村、五丰村、东虎村、冯杭村、刘庄、葛家台村、明辛村、黑玉村、大董村、石横镇旅店村、潮泉镇玉皇山村。（今后行政区域划分如有变化，以政府行文为准），见附录。

4 术语和定义

下列术语和定义适用于本文件。

肥城桃

在地理标志产品保护范围内生长的桃，品种（系）应符合DB 37/T 2193的规定。

5 地理标志证明商标

肥城桃地理标志证明商标注册名称为"肥城"。

6 种质资源

应符合DB 37/T 2193的规定。

7　地域环境特点

7.1　地理环境

肥城地处山东中部、泰山西麓，属温带季风气候，四季分明，光照充足，年平均日照时数约为2 607h，气候温暖，年平均气温12.9℃，无霜期200d左右，年平均降水量659mm。

7.2　种植环境条件

7.2.1　地形及地形气候

肥城境内低山丘陵相连，沟壑纵横，多山坡梯田、沟谷梯田、台子地和倾斜平原，光照充足，昼夜温差较大，无霜期长，特别有利于肥城桃优良品质的形成。

7.2.2　土壤

成土母质多为石灰岩以及黄土状母质及其沉积物，土层深厚，土壤呈中性或微碱性，物理性状良好，适宜肥城桃的生长发育。

7.2.3　其他种植环境条件

应符合DB 37/T 1261的规定。

8　生产技术

8.1　特殊栽培要求

8.1.1　控水

成熟前15d田间持水量应控制在65%左右。

8.1.2　施肥

应施足基肥，追施饼肥，适量施用化肥。

8.1.3　修剪

以中、短枝结果为主，可采用短截、缓放相结合的方法培养结果枝组。

8.2　其他栽培要求

应符合DB 37/T 1262的规定。

9　鲜果质量要求

9.1　外观特征

应符合DB 37/T 2193的规定。

9.2　风味

具有肥城桃果实固有的独特风味，芳香馥郁、香甜可口。

9.3　其他质量要求

应符合DB 37/T 1260—2009中第4章的规定。

10　试验方法

应符合DB 37/T 1260—2009中第5章的规定。

11　检验规则

应符合DB 37/T 1260—2009中第6章的规定。

12　追溯要求

应符合DB 37/T 1804的规定。

13　标志

用于销售的肥城桃，包装上应标注或加贴地理标志产品专用标志，其使用应符合《地理标志产品保护规定》的要求。地理标志证明商标及标志的使用应符合《中华人民共和国商标法》的规定。

14　包装

应符合DB 37/T 1260—2009中第8章的规定。

15　运输与贮存

常温运输与贮存应符合DB 37/T 1260—2009中第9章的规定。

附录
（规范性附录）

地理标志产品肥城桃保护范围

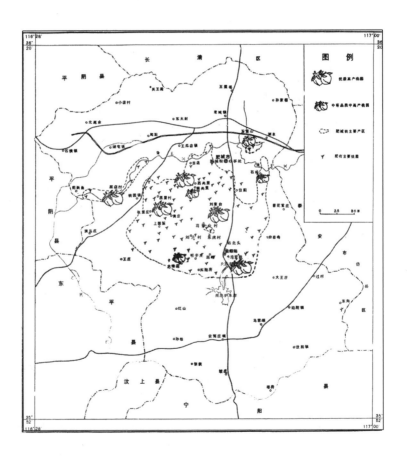

注：标准号DB 37/T 2192—2012

红里肥城桃

白里肥城桃

香肥桃

早肥桃

晚肥桃

肥桃早红

肥桃胭脂红

肥桃暑红

肥桃王子